皮肤科医生的护肤课

主　编　张建中

副主编　尹志强　钟　华

编委会（按姓氏拼音排序）

陈奇权　陆军军医大学第一附属医院

陈语岚　知贝医疗

程茂杰　重庆市中医院（重庆市第一人民医院）

董禹汐　卓正医疗

范宇焜　陆军军医大学第一附属医院

雷秋花　卓正医疗

涂　洁　南京医科大学第一附属医院

徐宏俊　首都医科大学附属北京友谊医院

尹志强　南京医科大学第一附属医院

余　佳　卓正医疗

曾相儒　卓正医疗

张建中　北京大学人民医院

张清颖　卓正医疗

钟　华　卓正医疗

·北京·

图书在版编目(CIP)数据

皮肤科医生的护肤课 / 张建中主编. —北京：科学技术文献出版社，2020. 8（2024. 12重印）

ISBN 978-7-5189-6358-4

Ⅰ. ①皮…　Ⅱ. ①张…　Ⅲ. ①皮肤—护理—基本知识　Ⅳ. ① TS974.1

中国版本图书馆 CIP 数据核字（2019）第 298807 号

皮肤科医生的护肤课

策划编辑：王黛君　责任编辑：王黛君　张凤娇　责任校对：张吲哚　责任出版：张志平

出 版 者　科学技术文献出版社
地　　址　北京市复兴路15号　邮编　100038
编 务 部　（010）58882938，58882087（传真）
发 行 部　（010）58882868，58882870（传真）
邮 购 部　（010）58882873
官方网址　www.stdp.com.cn
发 行 者　科学技术文献出版社发行　全国各地新华书店经销
印 刷 者　北京地大彩印有限公司
版　　次　2020 年 8 月第 1 版　2024 年 12 月第 13 次印刷
开　　本　880 × 1230　1/32
字　　数　209千
印　　张　10.25
书　　号　ISBN 978-7-5189-6358-4
定　　价　49.80元

序

PREFACE

随着人们生活水平的提高，对“美”也有了更高的追求。皮肤不仅是人体最大的器官和第一道屏障，还是我们人体最外在的器官，具有美学意义。每个人都想有靓丽、健美的皮肤，浓密、光亮的头发，秀美的眉毛、睫毛等。

如何打造健康美丽的皮肤大有学问。在这个信息媒介如此发达，以至于几乎信息爆炸的时代，我们如何能有一双火眼金睛，识别哪些信息有科学意义，哪些信息没有科学基础，这非常重要。不然就会被诱人的广告误导，有时候花了钱，用了“高档”化妆品，却辜负了期望，甚至导致了不良后果，比如，引起皮肤屏障受损或导致皮肤病。因此，我们需要专业医生对大众的指导。

本书的作者是一批年轻的皮肤科医生，他们有热心，有朝气，肯奉献，有志于大众科普与教育。本书是一本科普读物，编写原则是基于循证医学，在保持专业的基础上，语言尽量通俗易懂。本书作者有着深厚的皮肤科理论基础和丰富的临床经验，而且乐于交流、热心科普，坚持不懈地通过微博、微信公众号、知乎、丁香医生、今日头条、抖音等新媒体平台传播皮肤科知识，深知大众最关心的问题。他们是陈奇权、陈语岚、程茂杰、董禹汐、范宇焜、雷秋花、涂洁、徐宏俊、尹志强、余佳、曾相儒、张清颖、钟华。

本书介绍了日常皮肤护理的原则；不同种类护肤品的成分、功效和选择技巧；皮肤亚健康问题及其应对方法；医学美容方法及常见的护肤误区等。我们希望通过这本书向大众传达科学护肤的理念，帮助大家维护皮肤的健康和美丽。

无论你是护肤“小白”还是“成分党”，都可以轻松阅读本书，并在这里找到你最想了解的内容。

目 录

CONTENTS

第一章 看护肤品成分，从源头避开雷区

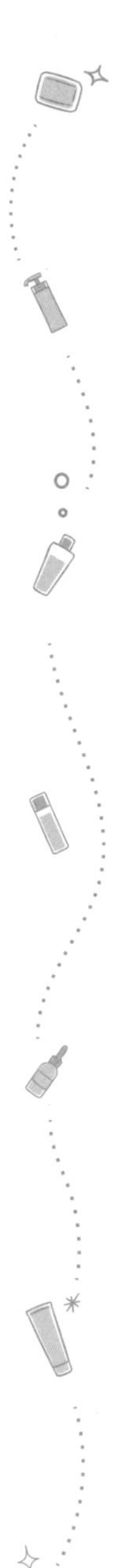

第二章　看透彩妆产品，共享美丽与健康

第三章　日常护肤，从头美到脚

第四章　解决皮肤问题，护肤犹如用“药”

第五章　用好医疗美容，为容颜上个保险

第六章　人生不同阶段，打造个性化护肤方案

第七章　救急护肤，见证高效美容的奇迹

第一章

看护肤品成分，从源头避开雷区

关注三类成分，为护肤选对产品

曾相儒

护肤品行业发展到今天，可以说已经是相当成熟、发达的行业类别。正因如此，市场上才能有如此丰富的护肤品供我们选择，从洁面、保湿、防晒到抗氧化、美白、抗皱等不计其数。

但过于多样化的类别以及功能繁复的产品，也给我们带来了选择困难，不管你走进商场、美妆店还是在线上购物，所有的销售人员、宣传资料都在说自己家的产品好，永远是最适合你的，当然事实上肯定不是如此，不然也不会有如此多的差评存在。面对琳琅满目的护肤品，我们需要掌握一定的基础知识，才能为自己的皮肤购买对的产品。

在面对一款全新的产品时，是否适合个人的肤质，我们医生常常将护肤品中的成分分为三类来进行分析。大家也可以从产品成分表开始，学习一些护肤品的“无声语言”。

● 第一类：基础性功能成分

基础性功能成分是一款护肤品能够发挥功效的关键所在。比如，洁面乳之所以能洁面，就是因为含有清洁功能的成分，这些成分也就是洁面乳的基础性功能成分。同理，保湿、防晒等产品也是如此。

以洁面成分举例，我们在选购洁面产品时，主要就要关注其中的清洁成分是什么，从而将产品归类。

清洁成分常规分为两大类：皂基和表面活性剂。

皂基

我们通常可以在成分表中找到此类成分：硬脂酸、肉豆蔻酸、月桂酸搭配氢氧化钾或氢氧化钠。皂基的洗脱能力极强，本质上和香皂、肥皂没有区别，因此，用完之后皮肤常常十分紧绷。而且它有一定刺激性，通常只适合油性耐受性皮肤，中性、混合性、干性、敏感性皮肤都不适用。

表面活性剂

表面活性剂常常分为以下几类：

SLS/SLES（Sodium lauryl sulfate / Sodium Lauryl Ether Sulfate，月桂醇硫酸酯钠 / 月桂醇聚醚硫酸酯钠） 也就是成分表中的十二烷基硫酸钠 / 十二烷基聚氧乙烯醚硫酸钠，清洁力比皂基弱一些，但仍然具有一定刺激性，所以一般也只适合油性耐受性皮肤或混合性皮肤。SLS、SLES 的安全性、刺激性一直都具有较大争议，在护肤品行业中，尤其是中高端洁面产品中，有逐渐被边缘化的趋势。

氨基酸类、甜菜碱类、磺酸酯类 常见的成分包括：月桂酰谷氨酸钠、椰油酰甘氨酸钠、椰油基甜菜碱、椰油酰羟乙磺酸酯钠等。

这几类都属于较温和的阴离子表面活性剂或者两性表面活性剂，具有一定的清洁能力，同时刺激性相对较小，而且常常相互搭配出现在洁面产品中，除了对“大油田”皮肤可能清洁力不够以外，大多数肤质都适用。

葡糖苷类　常见成分为癸基葡糖苷，此类属于非离子型表面活性剂，因此，清洁力最弱，刺激性也最小，所以一般只适合干性皮肤及敏感性皮肤。

如果你熟悉以上成分分类，买洁面产品前查看一下成分表，再结合自己的肤质，就能很容易地选出适合自己的产品，其他类别护肤品也是同样的道理。

● 第二类：进阶功效性成分

除了使用基础性护肤品，也就是除了清洁、保湿、防晒以外，不少人还有进阶的护肤需求，比如，美白、抗皱、抗氧化等。因此，如果有这方面的需求，则需要对此类成分有所了解，才能避免踩坑。

以美白成分为例，市面上的美白产品这么多，应该怎么选？实际上我们也可以将这些产品按有效成分归类。导致皮肤变黑的因素非常多，因此，美白成分常常针对的靶点就不同，但不外乎具有以下几类功效：

抑制酪氨酸酶活性

所有的黑色素合成都离不开酪氨酸酶，因此，通过抑制这种酶的功能就能有效地减少黑色素的合成，曲酸、间苯二酚、熊果苷、氨甲环酸都是这一类成分。

抑制黑色素释放转运

黑色素在黑素细胞中合成之后，需要释放出来，转运散播到整个表皮层细胞，因此，抑制这个释放转运的过程也能起到美白作用。经典成分烟酰胺就属于这一类别。

加速黑色素代谢脱落

当黑色素已经散播在整个表皮层，皮肤已经明显变黑后，加速这些黑色素的代谢、促进脱落，就可以起到美白作用。果酸就是这一类别的代表。

当你了解了这几个原理后，如果你看到一个美白产品的成分不具有以上功能，你就可以知道它是个假的美白产品。

● 第三类：风险成分

绝大部分护肤品中，都会添加防腐剂、香精。除非有特殊的封装工艺，防腐剂对于维持护肤品开盖后的品质至关重要；香精对于调和、去除产品原料的异味也往往不可或缺。在国家规定的标准内添加的合规产品，通常都是安全的。但是，对于一部分人来说，这些成分也有可能引起过敏，比如，防腐剂尼泊金酯就是常见的致敏原。此外，化妆品中的一些功能性成分本身也可能是有风险的，比如，一些美白、防晒成分，可能引起刺激、过敏、甚至全身吸收等不良反应，这些也是值得我们关注的成分。

以上的细节，我们将在后面的章节中详细讲解。

专业护肤成分功效排行榜

陈奇权

对于很多护肤品“成分党”而言，入手一款新的护肤品前，里面的成分表是必然要读的。成分表里面，有人关注是否含有刺激和致敏风险的防腐剂或香精之类的，但更多的人是关注这里面是否含有能够解决自己皮肤问题的有效成分。随着护肤品行业的发展，为了吸引更多的消费群体，许多品牌的护肤品渐渐不想安于“护肤”这个本职工作，也越来越想把自己定位成能够解决皮肤问题的“功效护肤品”。而与之对应的，越来越多的人希望靠某些功效性的护肤品把困扰自己许久的痘痘、痘印、瘢痕、色斑、红血丝或皱纹等问题都解决。

那么，在目前护肤品中添加的琳琅满目的功效成分中，哪些是真正有效的呢？以下我们来做个排位梳理。

● 维生素 A 及其类似物

维生素 A 包括大家口口相传的 A 醇、A 醛、A 酸，在成分表中的具体名称包括类视黄醇、视黄醛、视黄醛乙酸酯、维生素 A 棕榈酸酯多肽等。A 酸是皮肤科常用的一类药物，包括维 A 酸、异维 A 酸、阿达帕林、他扎罗汀等，也是我们皮肤科治疗各种角化异常性皮肤病的“神药”，它们的作用毋庸置疑。而 A 醇及 A 醛作为 A 酸的代谢前体，具有与 A 酸类似的作用，但作用较微弱一些。在护肤品的众多功效成分里面，老大地位依然当仁不让。此类物质具有纠正角化异常、促进胶原增生、抑制色素生成和促进色素代谢及一定的免疫调节作用等。在日常护理中，对于轻度痤疮、淡化痘印、色素沉着斑、缓解光老化等方面，理论上都有一定的意义。但是此类物质都有一定的刺激性和光敏性，在使用含此类成分的护肤品时，一定要注意根据自己的皮肤耐受情况使用，并且要做好足够防晒。

考虑到孕妇使用 A 酸具有明确的胎儿致畸性，而 A 醇及 A 醛类产品在体内都可代谢成 A 酸，固不推荐备孕、妊娠及哺乳期的女性使用含此类成分的护肤品。

果酸及水杨酸

之所以把这两个酸放在一起讨论，主要是它们目前已经是酸类物质的代名词，大家平时谈论的“刷酸”，基本上就是指的它们了。

果酸 包括甘醇酸、乳酸、酒石酸、柠檬酸等，顾名思义，最开始是从水果蔬菜中萃取所得，但目前护肤品中主要是合成的或由细菌或真菌发酵而成。果酸具有松解和剥脱角质、促进角质层更新的作用，也可以刺激真皮层增加胶原蛋白和黏多糖的生成，从而增加皮肤厚度。果酸可以用于痤疮粉刺、痘印、瘢痕、色素沉着、毛周角化症（鸡皮肤）、面部年轻化等多种情况的处理。

水杨酸 是非甾体类抗炎药阿司匹林的类似物，具有促进角质剥脱的作用、抗炎的效果，由于它具有一定的脂溶性，还可以透过皮脂膜渗入到毛孔内发挥作用。基于这些特性，它不仅可以和果酸一样处理角化异常性疾病，在痤疮、脂溢性皮炎、玫瑰痤疮和头皮脂溢性皮炎诱发的头皮屑等问题上也有一定的治疗作用。

果酸和水杨酸治疗已经在临床上广泛应用，效果明确，因此，将它们排在第二位也是实至名归。

● 壬二酸

壬二酸可以说是一个多面手。在皮肤科领域，壬二酸具有抗菌和抗炎的效果，是痤疮指南中证据级别高并强烈推荐的外用药，对于各类痤疮皮疹都有治疗作用。15% 浓度的壬二酸还被 FDA（美国食品和药物管理局）批准用于玫瑰痤疮的治疗。另外，壬二酸还有抑制络氨酸酶的活性，具有一定的美白作用，可用于一些色素性疾病的治疗，如黄褐斑、炎症后色素沉着等。正是因为壬二酸在临床上的多面效应，它同样是各种功效性护肤品的宠儿。但是相较于临床上一般使用的浓度为 15% ~ 20%，护肤品中浓度最高只有 10%，所以两者之间的效果差异有待高质量的研究对比。

相比护肤品中其他并没有多少临床应用有效证据的成分而言，壬二酸的作用着实是甩它们几条街的，所以这第三把交椅非它莫属。

氢醌和熊果苷

比较关注美白成分的人士，对于氢醌和熊果苷这两个成分一定不会陌生。氢醌的学名叫对苯二酚，可以阻断色素合成过程中络氨酸酶的作用，是至今为止除了前面提到的酸类产品外，针对色素沉着效果最为特异也非常明确的成分了。目前皮肤科临床用 2% ~ 4% 浓度的氢醌霜或者含氢醌的复方制剂（如 FDA 批准用于黄褐斑治疗的一线药品 Tri-luma 霜，就是 4% 氢醌 +0.05% 维 A 酸 +0.01% 氟轻松）可用于治疗一些色素沉着性疾病。因此，氢醌的效果是确切的，不过它有一定的刺激性，而且浓度偏大或使用不当的话，有细胞毒性，有诱导局部色素脱失的风险，所以在护肤品中添加比较慎重。目前国内管控比较严格，但是国外还是有很多化妆品生产商会生产添加此成分的美白护肤产品。不管是药物还是含有此成分的护肤品，最好在皮肤科医生的指导下合理使用。

氢醌经过化学改良修饰之后就是熊果苷了，氢醌被“修理”之后牺牲了部分效果，但蜕变而成的熊果苷的稳定性、刺激性和安全性都要好很多，所以熊果苷被广泛用于美白护肤产品中，但是限定最高浓度不超过 7%。

在众多有“美白”特异效果的功效成分中，氢醌和它的兄弟熊果苷是目前证据最充足的，其他成分，如曲酸、氨甲环酸（传明酸）、维生素 C 都要往后靠一靠了。

化妆品工业发展是非常迅猛的，各种“功效”性成分层出不穷，护肤品们总是蠢蠢欲动想靠着自身的功效成分去解决一切皮肤问题，甚至代替药物，这是非常不实际的。皮肤科医生眼里护肤品中真正有效的成分并不多，以上列出的这些是目前证据比较充分的。当然还有很多成分有这样那样的“功效”，不过还是缺乏足够的临床有效证据支持它们上榜。

皮肤科医生的护肤课

功效性的成分固然让一款护肤品看起来会更有吸引力一些，但要客观看待这些功效成分，因为添加到其中的成分本身相应的功效作用是偏弱的，且有一定的浓度限值，实际上其最终的作用是非常有限的。对于面部的很多问题而言，就算是作用更强效的药物都有效果的“天花板”，更多时候需要配合药物、光电和注射填充等医疗美容（医美）手段来综合处理才会实现较为理想的效果。所以切莫将自己对美好皮肤的所有憧憬，都放在各种功效性的护肤品上，导致过度解读和滥用这些功效成分。

让表面活性剂为你洗脸

程茂杰

洁面是护肤程序开始的第一步。但你知道我们洗脸都洗的啥？

答案是皮肤污垢。

皮肤污垢通常指皮肤产生的或分泌的代谢产物，如脱落的上皮、皮脂、汗液等生理性污垢及环境污染物、微生物、化妆品残留等外源性污垢。特殊情况下，还有疾病患者皮肤表面的鳞屑、脓液、痂壳等病理性污垢。

● 洗脸可能不需要勤奋

洗脸，很多人都会，就连小动物也会。说起洗脸，用清水将面部打湿，用手简单胡噜几下也算是洗脸。用卸妆产品又用洁面产品，一步一步做皮肤清洁的也是洗脸。无论哪种洗脸，目的就是清洁。

正确的清洁不仅可以加快皮肤表面角质的代谢，维持皮肤正常的pH与微生态平衡，帮助皮肤健康形态的维持，还可以预防一些疾病，如痤疮的产生，也可以促进后续护肤品的吸收。

洗脸固然很重要，但是，由于洗脸方式和程度的不当所引发的皮肤刺痛、干燥脱屑、敏感等一系列屏障受损的现象时有发生。所以说，洗脸虽然简单，但并非每个人都 “会”洗脸。

皮肤最外层有一层由汗腺分泌的汗液、皮脂腺分泌的皮脂及脂质构成的皮脂膜，这道覆盖在角质层的皮脂膜有滋润皮肤、减少角质层水分流失的屏障作用，并且皮脂膜为弱酸性，对维持皮肤表面的微生物平衡有着至关重要的作用。

表面活性剂清洁能力如果太强，过度清洁，会破坏皮肤表面的皮脂膜，甚至造成皮肤屏障的受损。所以清洁的要点在于“适度”，而不在“彻底”或“深层”清洁。合适的洁面产品既能有效清洁皮肤，还可以尽可能地温和，不损伤皮肤。

● 挑选洁面产品，主要看表面活性剂

清洁主要靠表面活性剂来完成清洁、乳化及起泡功能。表面活性剂亲油又亲水，可以让不溶于水的污垢和皮脂吸附（脱脂）随水冲走。

表面活性剂根据分子构成主要分为：阳离子、阴离子、非离子及两性离子表面活性剂。而目前市面上主流的洁面产品大致分为：皂基、SLS/SLES、氨基酸表面活性剂、葡糖苷类及甜菜碱类。其中的皂基、SLS/SLES 及氨基酸均为阴离子表面活性剂，甜菜碱为两性离子表面活性剂，葡糖苷类为非离子表面活性剂。大多数洁面产品都选用阴离子表面活性剂，因为它的起泡性好，去污能力强，成本也低。

如果洁面产品是以皂基为主，皂基含有皂化成分，pH 呈碱性，

特点是起泡多、去污力强。清洁后，虽给人感觉面部特别干净，但是很容易使肌肤发干，导致角质层变薄，干性皮肤和敏感皮肤均不宜长期使用碱性产品。在成分表中常常以脂肪酸加碱的形式存在，比如，成分表中显示的棕榈酸、月桂酸、硬脂酸加氢氧化钠、氢氧化钾或三乙醇胺，其实就是皂基。

如果是以 SLS、SLES 表面活性剂为主，清洁力和去脂力很强，仅次于皂基，属于刺激性较大的表面活性剂之一，同样因为去脂力过于强大，不建议敏感皮肤及干性皮肤长期使用。成分表中常见的月桂醇硫酸酯钠、月桂醇聚醚硫酸酯钠，就是 SLS、SLES。

相对前面两项，氨基酸表面活性剂更温和，发泡力弱，泡沫细小而密，对皮肤刺激性小，是目前大多数温和型清洁成分的主流，也更适合日常使用。成分表中常见的椰油酰谷氨酸钠、月桂酰肌氨酸钠就是氨基酸表面活性剂。

而非离子表面活性剂，如葡糖苷类、两性离子表面活性剂（如甜菜碱类、两性基乙酸钠），它们极其温和，比氨基酸表面活性剂还温和，比较适合敏感性皮肤使用，但清洁力度上自然也较阴离子表面活性剂弱，而且洁面后会有轻微“膜”感，会有种“没洗净”的感觉。

● 如何挑选适合自己的洁面产品？

实际上市面上很多产品并不是仅含有单一的 1 种表面活性剂，而是复配 2 ~ 3 种不同的表面活性剂，比如，皂基搭配氨基酸减少刺激，葡糖苷类搭配氨基酸加强清洁，氨基酸搭配 SLS 加强清洁等，成分表中排序靠前的决定了一款清洁产品的性质及温和度，部分产品也会加用保湿剂或封闭剂。

因而洁面产品的清洁力，并非只取决于某一种表面活性剂，还要看整体配方构成。对于洁面，除了挑选适合自己的产品，清洗方式和频率也同样重要。

对个人而言，洁面的选择需要结合皮肤状态及环境综合考虑。

油性和混合型皮肤 需要重视清洁，但不能长期频繁使用清洁力较强，如以皂基、SLS/SLES 为主的洁面产品。

干性皮肤及敏感性皮肤 建议长期使用清洁力度低，保湿力度高的洁面产品，比如，含有氨基酸表面活性剂或甜菜碱类、葡糖苷类洁面产品。部分干性皮肤及敏感性皮肤，可以在一段时间内只用清水清洗。当然这类皮肤在日常没有化妆的状态下可以用清水清洗，待皮肤状态好转后再使用洁面产品。比如，周末或节假日在家，白天可简单用一些保湿水或保湿乳液，晚上或第二天清晨起床就可以不用洁面产品，用清水清洗即可。

在环境更换及季节交替时 由于皮肤的适应性减弱，需要根据季节的变化来调整清洗频率，甚至更换清洁产品，比如，每日仅使用一次清洁产品或仅用清水清洗，或使用氨基酸、甜菜碱类、葡糖苷类表面活性剂为主的清洁产品，以避免增加皮肤敏感。

● 洁面乳使用误区

误区一：泡沫丰富代表清洁力度强吗？一些洁面产品泡沫不丰

富，洗完还滑滑的，代表没洗干净吗？

阴离子表面活性剂清洁力度强，起泡能力也强。非离子表面活性剂及两性离子表面活性剂起泡能力弱，但为迎合消费者习惯，很多产品也会在温和的洁面产品中增加起泡剂。同样，润滑感也可能是添加了润肤剂或封闭剂，而并非没洗干净。因而，脸是否洗干净和泡沫丰不丰富没有必然联系。

误区二：如何对待皂基类产品及洁面仪？

人类皮肤的角质层及皮脂膜呈弱酸性，因而弱酸性洁面产品对皮肤伤害小毋庸置疑。皂基类偏碱性，清洁力度越强，洗脸后紧绷感也越明显，每每让人走入“彻底清洁”的误区。洁面仪的工作原理，主要是通过声波震动或其他技术让洗脸刷上的细毛震动，摩擦皮肤，从而达到清洁和按摩效果，但不管什么工作原理，目的都是清除老化角质、去除油脂、弱化皮脂膜，但频繁或长期使用会让皮肤屏障受损。故油性皮肤和混合性皮肤可适度使用，但不能过分使用，而干性皮肤及敏感性皮肤不建议使用。

皮肤科医生的护肤课

清洁不在于“彻底”或“深层”，在于适度。一顿清洁猛于虎，回头敏感更愁苦。清洁力与起泡力并没有太大的关系，清洁力度最主要看表面活性剂。

护肤水八成是水，作用却不一样

曾相儒

在大家的常规护肤程序中，拍“水”往往是必不可少的一个环节，相当多人都会在用精华或乳液前使用一遍“水”类产品，但这些“水”真的是必要的吗？到底哪些是真的有用，哪些又是一些伪概念，本节内容将进行简要说明。

护肤水实际上很难去定义，有非常多的类别或别称，比如，爽肤水、化妆水、保湿水、洁肤水等，市面上的产品也非常多，难以用一个统一的标准去衡量。我们要分析这些“护肤水”的区别，不如从它们的历史谈起。

过去，护肤水是为了“二次清洁”而生，因为往往都含有不同程度的酒精，目的是去除皮肤表面过多的油脂，因此，只适合油性、耐受性皮肤使用。同样也是因为含有酒精，不适合使用的人如果使用，则往往会出现刺激、疼痛、拔干等感受。但随着护肤品市场的不断发展，现在护肤水已经不仅仅局限于此类功能，而是演化出了多个不同的亚类。

爽肤水

爽肤水主要是针对油性皮肤或干性皮肤而设计。根据所含的成分不同，一些具有收敛作用，一些具有剥脱作用，而一些只有单纯滋润补水作用。

具有收敛作用的爽肤水通常含有酒精，或者含有一些矿物质粉末，因此，能够在一定程度上吸附油脂、改善出油状况。“大油皮”在洁面后使用爽肤水，能够在后续更好地持妆，避免在午饭前就变成了“猪刚鬣”。

具有剥脱作用的爽肤水通常添加的是果酸，也就是 α－羟基酸，包括甘醇酸、苦杏仁酸、柠檬酸等，此类产品可以帮助溶解毛孔角栓、油脂、剥脱表层角质。因此，在使用后有一定控油、细嫩肤质、亮肤的作用。

而普通的爽肤水通常就真的仅仅只是水而已，添加有极少量的吸湿剂，比如，少量的丙二醇等保湿能力较弱的成分，在洁面后用于脸部，可以帮助缓解面部的紧绷感。

保湿水

顾名思义，保湿水就是冲着保湿去的，是为干性皮肤而存在的“爽肤水”。

首先，这类产品中最主要的成分当然也是水，但是在保湿成分的添加上则比较大方，比如，甘油、丁二醇或某些氨基酸等吸湿成分就是保湿水、化妆水中的常客，这些成分有助于将水分持续存留于表皮，尤其是角质层中，让皮肤更加滋润。

另有一类则更多的是追求功效性的保湿水，在配方中添加维生素 C、烟酰胺及其他各种抗氧化剂、植物提取物、酵母提取物等，质地往往相对更加黏稠。除了质地上仍然是水状，说这类产品是“精华”也不为过。但对此类保湿水的功效我们仍然要打个问号，有些成分（如维生素 C）添加在水类配方中，经过一段时间便会失活，另外这些成分添加的浓度一般都较低，能起到多大的作用还有待证实。

● 洁肤水

在经典的护肤水类别下，还有一类是洁肤水。现在我们已经把它划入了卸妆产品中，也就是大家熟悉的卸妆液，此类产品仍然是水类产品，其中添加有大量表面活性剂，一方面能够溶解面部妆容中油彩类物质；另一方面也可以很好地溶于清水被带走，属于非常温和、清洁效果也不错的清洁产品。

● 护肤水是不是必要的？

首先可以十分肯定地说，大多数不是必要的。那是不是要把它从护肤方案中剔除呢？

不一定。

之所以说护肤水不是必要的，是因为不管是爽肤水还是保湿水、化妆水等，大多都有可以替代的产品。比如，以保湿为目的的水类产品，完全可以在洁面后直接使用保湿能力明显更强的保湿乳、保湿霜替代，用不用这类水对于皮肤保湿的影响微乎其微。又比如，添加有美白、剥脱、抗氧化成分的水类产品，也完全可以被含有相同成分的精华所替代，而且不少精华中功效成分的含量更高、配方体系更加稳定。

但之所以说“不一定”，是因为护肤水在特定场景下依然存在的意义。比如，“大油皮”在夏天使用保湿乳都会觉得黏腻，那么，在洁面后使用一款轻薄的保湿水进行保湿就是不错的选择。再比如，果酸类爽肤水，果酸浓度通常都比果酸精华要低，可以作为刚开始使用果酸产品的入门，耐受后再过渡到精华。如果仅仅从护肤习惯上，有人就是喜欢使用护肤水拍脸的感觉，这也可以成为护肤水存在的理由。

另外，不少人期望依靠爽肤水实现“镇定肌肤”的作用，大家需要知道，在使用爽肤水之前你只不过使用了一点洁面产品，皮肤又不会“发疯”，不需要你去给它“镇定”。如果用完洁面后面部紧绷、发红、瘙痒，让你产生了需要一款“镇定”产品的想法时，你需要做的是更换一款洁面产品，而不是老想着让你的皮肤“安息”。

眼霜说：我不是“万金油”

陈语岚

眼霜这个东西，过了 25 岁之后大多数人都会考虑一下是否要使用。眼睛是心灵的窗户，那么，眼部皮肤作为窗框，美感显然也非常重要。看到铺天盖地的美妆博主“吐血”推荐，或者措辞华丽、宣传得天花乱坠的平面广告，心里多少有一秒犹豫，不知道要不要买，不买真的会后果很严重吗？

● 眼部皮肤的特殊性

从医学的角度讲，眼部皮肤是有一点特别的：特别薄。从皮肤活检上看，眼睑皮肤全层都薄，特别是真皮和皮下，胶原结构也较为疏松。这也是为什么眼周皮肤容易松弛、出现皱纹的原因。本来眼睑这个地方的胶原和弹力纤维的网络就不是很强韧，随着年龄的增长与日晒损伤，这个地方的皮肤相比面部其他部位皮肤会先塌陷。除此以外，眼部的皮肤是鳞状复式上皮，它并不是黏膜那样的单层柱状上皮。

但是，眼部皮肤与普通皮肤的差异性没有那么大，普通皮肤上能用的润肤剂，眼部用了也并不会变成毒药。

从化妆品行业的角度看也是一样，《现代化妆品科学与技术》中润肤剂的分类一栏里，也没有单独分出眼部用的润肤剂一栏，因此推断，用于面部的润肤剂是可以用于眼部的。

● 眼霜没选对，会造成脂肪粒吗？

很多人认为如果用面霜涂眼周，或者选择的眼霜太黏稠、营养太丰富，就有可能造成眼周的“脂肪粒”。但如果我们用显微镜把“脂肪粒”（也就是医学上说的粟丘疹）放大，就会发现这是说不通的。在皮肤病理切片中，粟丘疹是一个孤立的，位于真皮层的囊肿，囊肿的内容物是本来应该待在表皮最外层的角质，它并不是一个毛囊性的病变，它与毛囊根本就没长在一块儿。为什么角质会跑到深层去了？也许是曾经的外伤，也许是不当的去角质或者激光操作，也可能是日晒损伤的积累造成的，但无论如何，你的眼霜没那么大本事把角质塞到这么深的地方。

护肤品不仅无法造成脂肪粒，也无法解决脂肪粒。电商、网络上有很多宣称可以去除脂肪粒的眼霜，它们的成分主要是果酸、水杨酸等角质剥脱剂，但脂肪粒的“粒”不是位于表皮，而是位于真皮，位置是比较深的，如果“刷酸”刷到脂肪粒都能翻出来的程度，这都能达到化学烧伤了。要解决脂肪粒，不必寄希望于抹的眼霜，到皮肤科用激光点破囊壁，让里面的内容物自己排出来就可以了，几天时间就会愈合得了无痕迹。

现在我们知道了护肤品涂眼周并不会造成脂肪粒之类的损伤，但我也并不推荐大家用面霜来涂眼周，为什么呢？只因为面霜可能无法解决眼部的一些特殊问题。

● 眼部容易出现什么特殊问题呢？

细纹和松弛

皮肤的弹性是由真皮的弹力纤维和胶原蛋白撑起来的，如果这些结构不够强韧，那么就容易松弛、塌陷，出现细纹，从外观上显得十分衰老。

眼周除皱，最有效的一定是肉毒毒素，这是毋庸置疑的。人类其实是无时无刻不在做表情的，即使你觉得你此刻面沉如水，其实你脸上一定还有一些表情肌在微微颤动，这不由你控制，哪怕在睡梦中，你可能还在做表情。这些多余的肌肉收缩在不停地“折”你的川字纹、鱼尾纹和法令纹。肉毒毒素之所以有效，就是因为它阻止了多余的神经冲动。但是肉毒毒素的注射需要非常专业的医师操作，打在哪个点，打多少单位，略一失手就会打破面部肌肉之间的平衡，变成表情不自然的假脸、整容脸，皮笑肉不笑就很尴尬。另外，肉毒毒素注射除皱的费用相对较高，所以也不是人人都能考虑。护肤品的效果尽管并不能跟肉毒毒素媲美，但在家涂抹护肤品比起去医院注射美容来，就显得更便于操作，没有风险，也更经济，不失为一个理想的选择。

目前，市面上有售的抗衰产品林林总总，让人眼花缭乱，但如果你仔细端详它们的成分表（在国家食品药品监督管理局网站上也可查询），会发现还是噱头居多，如添加了一大堆保湿剂，一两个抗氧化剂，如白藜芦醇、茶多酚、葡萄籽，便宣称是抗衰产品了。其实，这种产品只能算是通过防止氧自由基的堆积，阻止光老化，但不能算真正逆转衰老外观。没有什么眼部问题的人群可以当作预防衰老用，但是已经开始出现松弛和细纹的话，光使用抗氧化作用的产品是不够的。

一个确实能改善衰老问题的热门成分——六胜肽，又叫作乙酰基六肽-8，原料商品名为 Argireline，它是一个近年才兴起来的新东西。它的作用原理如下：

一方面，六胜肽模拟肉毒毒素的化学去神经化的作用，通过与神经递质的结合来拦截过多的神经冲动，减少不必要的肌紧张，淡化表情纹。

另一方面，它的这种放松作用有助于刺激胶原和弹力蛋白的再生，从而达到皮肤的提拉紧致。

看到模拟肉毒毒素可能你会有一点紧张，其实六胜肽的毒性很低，所以它不需要像肉毒毒素一样被管制起来，而是被允许添加于化妆品中。

六胜肽涂抹在皮肤上，透皮吸收率很理想，但有个讲究，就是浓度，医学界的推荐是能达到 10% 最理想。化妆品不需要像药品一样在包装上说明浓度，但成分表必须按从最高浓度到最低浓度的顺序列出成分，所以假如你打算购买一瓶以六胜肽为主打成分的护肤品，最好看看成分表，找乙酰基六肽-8 这个名字，如果排在前 1/3，尚且可取，如果在成分表的末尾，那就算了。

与新晋明星相对应的另外一个 super star，是经典女王维 A 酸及其衍生物。在目前人类已经掌握的所有抗衰成分里面，效力最强的恐怕还是维 A 酸。维 A 酸霜剂的效果有：

——促进角质形成细胞的分化，减少老旧角质堆积；

——减少真皮胶原降解，促进胶原新生；

——减少黑素颗粒沉积。

效果这么棒，而且从价格上看，它比上面的六胜肽便宜好多，但为什么你买不到主打维 A 酸的护肤品呢？因为它有两个缺点：刺激性和致畸。所以我们国家食品药品监督管理局不允许“妆”字号产品里出现这个成分。但其他国家有的是允许添加的，只是浓度高低的问题。

关于化妆品刺激性的问题，长痘的人可能深有体会。维 A 酸及其衍生物经常被用作痤疮治疗药物，因为可以改善毛囊口角化过度。在第一次开具处方的时候，我通常都要花一点时间跟对方解释：刚开始第一个月有可能会有皮肤干燥、紧绷的感觉，由于疏通了毛囊，还可能会爆痘，但是之后就会慢慢耐受的，多保湿就好了。如果没有这层解释，那么，使用者遭遇不良反应的时候就会很容易考虑扔掉它。

如果你初次尝试维 A 酸觉得刺激性过大，可以尝试这样应对：

——使用最低浓度，即 0.025% 的维 A 酸；

——加强局部保湿；

——改为隔 2 天或者隔 3 天用一次。

按照以上这样做，一般都可以建立耐受。但假如你正在备孕、怀孕或者哺乳，那就毫无办法。尽管像阿达帕林这样的三代维 A 酸外用制剂，透皮吸收很少，作用基本就在皮肤上，但是维 A 酸类药物可以导致胎儿多个系统多种多样的畸形，仍然建议备孕前 1 个月提前停药为宜，直到哺乳期结束。如果你还不打算要孩子，或者已经生完也断奶了，那每周挑两三个晚上，洁面后用阿达帕林涂一下眼周，然后再正常地全脸用面霜保湿，不失为一个经济有效又安全的除皱良方。

黑眼圈

黑眼圈也是困扰无数人的一个噩梦，在医学上，我们管它叫眶周色素沉着增多，这个名称很容易误导人，让人以为黑眼圈就是色素引起的。但实际上，在这个诊断名称下包含了好几种类型的黑眼圈。

色素型：包括内源性或外源性的色素沉积。

脉管型：循环不良，局部代谢废物的堆积和血管异常扩张共同造成局部肤色暗沉。

炎症型：患有特应性皮炎、哮喘和过敏性鼻炎的人们，由于这种特应性体质的影响，会有非常顽固的黑眼圈和下眼睑的深纹路。

另外，如果眼周皮肤松弛，细纹多，皮肤都叠在一起，那么，从折光率上也会影响眼睑的透亮度，让人看上去显得眼周比较黑。

但这些分类并不见得单独存在，也有一些人是混合型的。

不同的黑眼圈会指向不同的应对方式，我们则需要搞清楚自己是什么类型的“熊猫眼”。除去肉眼可见的眼周细纹及本人已心知肚明的过敏性体质这些一点也不难分辨的原因外，剩下的就是色素型或脉管型了。一个比较简单的自查方式是：抻开你的眼皮，观察黑眼圈是变淡还是变得更黑。

色素型的黑眼圈会因为皮肤被抻开而变淡，脉管型的则会因为表皮拉开后更好地暴露了真皮血管，而显得更黑了。

对于色素型的黑眼圈来说，含有美白成分的眼霜会比较适宜。只要不是特别刺眼的，如熊果苷、烟酰胺、维生素 C 等都可以考虑使用。如果你怀疑色素来自外部，比如说，眼妆的色素沉积，那么，一方面，应该避免易残留的眼妆，选择更高效的眼、唇卸妆液。另一方面，也可以使用含有低浓度果酸的眼霜，比如，含 4% 果酸的眼霜，这几乎只有普通皮肤用的果酸护肤乳中一半浓度，并不会很刺激。低浓度的果酸可以温和地去除眼周皮肤上的老旧角质，使得沉积其中的一部分黑色素也随之脱落，黑眼圈便可得到改善。

而脉管型、炎症型或者由于眼周细纹阴影而显现出的黑眼圈，就要更多地考虑改善局部循环、促进新陈代谢和胶原新生。类人胶原蛋白会是比较好的选择。尽管护肤品中的类人胶原蛋白并不能以原型被皮肤吸收，但渗透到表皮间隙后，它的降解产物会很快被皮肤拿去重新利用，生产自己的胶原，相当于补充原料。如果有条件，配合射频治疗，刺激眼周皮肤中的胶原新生，皮肤的弹性结构重新被支撑起来，那么，黑眼圈淡化的效果就会更明显。

眼袋

就像黑眼圈不能一概而论一样，眼袋也有它的分型。有相当一部分的眼袋，成因是眶内脂肪垫的下移，即：本来应该待在眼球下方的脂肪垫，随着年龄增长，下眼睑的肌肉和皮肤越来越松弛，支撑力不够了，这块脂肪垫就掉出来了。这样的眼袋，除了手术外，护肤品很难改善得了。反过来说，如果眼袋不是因为脂肪垫膨出而是因为眶周水肿，那么，手术也是没有用的，一刀开进去会发现没啥可摘除的，缝回去后还是肿眼泡。

在这里特别跟大家提一下，“卧蚕”与眼袋是有区别的（图 1–1）。“卧蚕”是我们下眼睑的眼轮匝肌在我们微笑的时候收缩，而形成的一片膨出，它是肌肉而不是脂肪，也不是水肿。“卧蚕”在东方美学里是一个美的标志，它令人看起来眼带笑意。并且“卧蚕”越明显的人，就意味着他的眼轮匝肌力量很强，眶内脂肪垫就会被阻挡住，不容易膨出，所以有“卧蚕”的人，也是不太容易有大眼袋的。

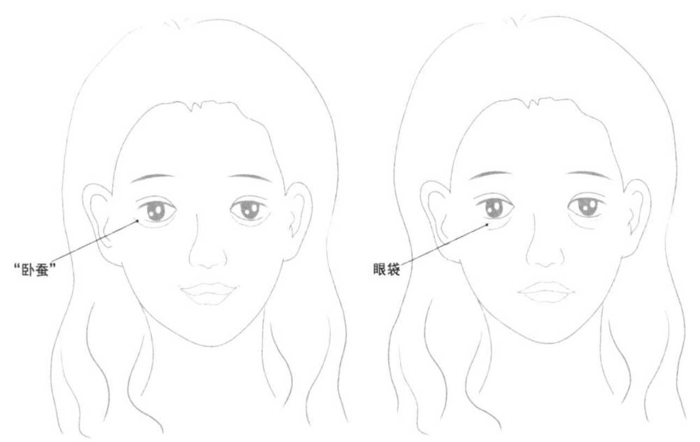

图 1–1 “卧蚕”眼与水肿眼

对付肿眼泡，就应该把侧重点放在改善血管的通透性上。咖啡因是一个非常好的成分，它可以收缩毛细血管，减少组织水肿。来自加拿大的护肤品品牌 the ordinary 就推出了含咖啡因的眼部精华液，浓度达到了 5%，还是能发挥一定的效果的，如果配合超声导入仪的话，一方面能促进渗透；另一方面可以通过超声波的共振和空化作用，促进水肿的消退，效果比单纯使用精华液更好些。

尽管通过一篇小文，我们了解了眼部皮肤的特点，也知道了对应的解决方案、改善重点在哪里，但眼部的问题有时不是只有一个，而是同时存在多个问题。如果觉得要综合评估什么护理方案最适合自己有困难的话，也可以到有皮肤美容中心的医院去咨询一下，以获得更有针对性，更适合个体的解决方案。

皮肤科医生的护肤课

眼霜虽然不是护肤必须或必备的一个产品，但它可以是一个加分项，因为某些含特定成分的眼霜可以帮助大家改善一些眼部特有的小问题。当然，我们不能光看“功效”，心里要时刻记住的一点是：护肤品不是解决问题的唯一途径。

精华是护肤的必需品吗?

曾相儒

精华是护肤中必要的一项吗？如果必须要给个绝对的答案，那么，精华一定不是必需的。但除了基础护肤三部曲：清洁、保湿、防晒之外，我们对于皮肤护理往往还有其他的期待和要求，而这些需求，往往需要功效性精华来实现。实际上，精华已经存在于大部分人的护肤方案中。

精华，并不是一个很好定义的产品类别，从市面上各个厂家的命名方式来看，相当混乱，水基的可以叫精华，油基的也叫精华，甚至面霜也叫精华面霜。

从经典的分类来看，精华一般指的是一类颜色相对清亮、质地相对稠厚的液体功效性护肤品，根据功效分为抗皱、美白、保湿等类别。其实精华在最初的时候，只是被定义为保湿产品，实际上这一点也是目前精华类产品最重要的作用之一，包括专门的保湿精华，以及各类功效性精华，它们或多或少都有一定的保湿作用。

● 保湿精华

这类精华一般不含有常见的“功效性成分”，就冲着保湿这一单一功能而去。因此，在成分上一般都是水为主要成分，在此基础上添加甘油、透明质酸、丙二醇、丁二醇、泛醇等吸湿性成分，维持皮肤水合状态。但从保湿效果上来说，干皮仅靠保湿精华是不够的，往往需要在保湿精华之后再接着使用一款保湿乳或保湿霜，借助保湿乳或保湿霜中的封闭性成分，达到良好的保湿效果。

在保湿精华中还有一类主打舒缓作用的产品，本质上也是保湿成分为主，可能配方中添加有一些植物提取物等，比如，黄瓜提取物、金盏花提取物、红没药醇等，它们具有些许抗炎作用，可能能够让皮肤暂时“稳定”下来。

● 美白精华

美白精华是市面销量最大的精华类别之一，主要依靠各类美白成分实现，包括抑制酪氨酸酶活性的成分（如熊果苷、间苯二酚、氨甲环酸、曲酸）、抑制黑色素释放转运的成分（如烟酰胺）、抗氧化的成分（如维生素 C、维生素 E、谷胱甘肽）等。这些精华可能仅有单一的美白成分，也可能同时搭配有多个类别的美白成分，协同达到美白效果。

● 抗皱精华

“抗皱”是个很模糊的词，更准确地说，此类精华的作用应该是淡化皱纹，而这一功效可以通过多种路径实现。

第一种路径是单纯的保湿。依靠一些高保湿成分，比如，不同分子量的透明质酸、玻色因等，使皮肤充分水合、充盈，从而达到视觉上淡化细纹的效果，此类精华通常对于大家常说的眼周“干纹”有较好的效果。

第二种路径是刺激胶原蛋白合成。经典成分就是类视黄醇及其衍生物、维生素 C，以及相对较新的肽类成分（如蓝铜胜肽、棕榈酰五肽），尤其是前两者都有不错的实验数据来支撑其淡化皱纹的效果，在实际运用中也确实如此。但这些成分也有各自的一些问题，比如，类视黄醇常常带来刺激反应，使用后可能会引起皮肤干燥、脱皮、发红、刺激感等；维生素 C 也可能因为配方体系的 pH 较低，涂抹上的刺激感有部分人无法耐受，以及维生素 C 本身配方的稳定性要求较高，导致较好的维生素 C 产品价格都不那么便宜。

● 毛孔精华

虽然叫毛孔精华，实际上并没有“毛孔精华”这样一个分类，只是有一些精华产品主打“收缩毛孔”的效果，这类产品一般主要添加的都是酸类，如 α－羟基酸、β－羟基酸，前者的代表是各类果酸，后者的代表则是水杨酸。虽然水溶性的果酸和脂溶性的水杨酸渗透能力有一定差异，但两者实际都可有效渗透、溶解毛孔中的油栓，同时果酸还可以帮助溶解毛孔开口堆积的角质，帮助油脂顺利排出，从而达到去除黑头、缩小毛孔的效果。

眼部精华

眼部精华是除了美白精华以外，受市场热捧的另一大产品，因为不少人都或多或少觉得自己有眼周的护肤需求，比如，对眼周细纹、黑眼圈，以及对眼周长脂肪粒的担心。

眼部精华中有相当一部分和面部精华没有本质差异，比如，主打保湿的眼部精华，实则完全可以被同类面部产品所替代；而不少淡化眼周细纹的产品也和前述抗皱精华差异不大；差异较大的可能是针对黑眼圈的精华，因为这类精华可能添加有较高含量的咖啡因、维生素 K_1 等，这一点一般是面部精华所不具备的。另外，在包装工艺上，眼部精华有不少都采用走珠或按摩头包装，这一部分对眼部按摩的作用也是其特殊之处，将其冷藏后使用或对减轻眼周水肿有帮助。

需要说明的是，眼周并非一定要使用眼部产品。一般认为，眼周长脂肪粒和眼周产品并没有什么关系。但需要注意的是，如果在面部使用都可能产生刺激的产品，在眼周使用时发生刺激反应的风险可能更高，因为眼周的皮肤比面部更加薄弱。

另外，还有一些“抗衰精华”，往往是将以上各类别的精华综合搭配，兼具一定抗皱、美白、保湿等效果，也是各一线品牌的主打产品，因此，价格往往也并不便宜。至于时下流行的“干细胞精华”，如果是冲着干细胞的功效去，那就不要指望了，买了就等于交了“智商税”。

保湿产品中的奥秘

曾相儒

在越来越关注功效性护肤品的今天，单纯的保湿产品受到的关注越来越少，也极容易被忽略。比如，当你早上起晚了急匆匆冲出门去上班，或者晚上加班到深夜回家草草洗把脸就瘫倒在了床上，这些场景都可能是你忽视涂抹面霜或乳液的时刻。

但不管是早还是晚，保湿产品都应该是你日常护肤方案中必不可少的一环，和清洁、防晒处于同等重要的地位。

● 保湿产品的好处

维持皮肤正常水合状态 以洁面为例，不管多温和的洁面产品，都会不同程度地洗脱皮肤表面的皮脂膜，而皮脂膜最重要的作用之一就是防止皮肤水分丢失。因此，在洁面后，皮肤的保水能力往往是下降的，此时涂抹保湿霜有助于迅速帮助皮肤恢复保水能力，使皮肤细胞处于正常的水合状态，正常的发挥功能。

改善脱皮、紧绷等状况 对于干性皮肤来说，即便没有洁面产品，皮肤本身的保水能力也相对较弱，因此，皮肤常常出现干燥感、紧绷感、脱屑及化妆卡粉等状况。保湿霜的涂抹可以直接滋润皮肤，改善以上问题。

维持皮肤正常屏障功能 皮肤的屏障功能并不仅仅依赖于角质细胞，细胞间的大量脂质、天然保湿因子也起了很大的作用。但由于外界环境的复杂，皮肤往往容易受到污染物、紫外线等因素的伤害，皮脂、天然保湿因子都十分容易丢失，而保湿霜就可以起到很好的补充作用，从而维持皮肤正常的屏障功能。

减轻“干纹” 以眼周为例，由于皮肤薄弱，保湿做不到位时水分十分容易丢失，在不少刚迈入大学校园的年轻女性的眼周即可出现“干纹”，但实际上，这个年龄的干纹往往并非真性皱纹，只要依靠保湿产品给予充分的滋润，这些“干纹”就会减少或消除。

● 保湿产品里有什么？

水 大多数保湿产品采用的都是水包油的工艺，在成分表中，“水”往往是排在第一位的，这说明水是保湿产品中含量最高的成分，也正因如此才可以做成极容易推开的保湿乳液或保湿霜。我们也就不难理解，为什么说保湿水并不一定是必须要使用的产品了——保湿产品中自带大量水分，本身就可以带来极佳的“补水”作用。

吸湿剂 常见吸湿剂包括甘油、透明质酸、泛醇、丙二醇等。做一个形象的比喻，吸湿剂就好比是水泵，可以将皮肤深层的水分拔起，用于滋润表层皮肤，从而增加皮肤含水量。

封闭剂 常见封闭剂包括矿油、矿脂、羊毛脂、石蜡等。它们可以在皮肤表面形成一层封闭的膜，阻止水分逸散挥发，从而将保湿产品中自带的水分和吸湿剂拔起的水分牢牢锁住。

润肤剂 常见润肤剂包括霍霍巴油、蓖麻油、硬脂酸辛酯、肉豆蔻酸异丙醇等。润肤剂最大的作用就是在涂抹后，迅速填充角质细胞之间的缝隙，充分滋润皮肤，带来良好的使用肤感。

● 保湿产品怎么选？

保湿产品非常多，常见的产品包括保湿啫喱、保湿凝胶、保湿乳液、保湿霜、保湿膏等等。

一般来说，大家可以通过产品的稀薄或黏稠程度来判断保湿锁水的能力。一般越黏稠、使用肤感越油的产品，产品中封闭剂的含量相对就会越高，因此，保湿锁水能力就会更强。

保湿啫哩、凝胶 通常质地稀薄的保湿啫喱、凝胶中，不太会添加有封闭剂，成分一般以水＋吸湿剂为主，吸湿作用强，涂抹之后能够持续带来滋润感，并且不会有黏腻的感受。但如果后续没有使用具有封闭作用的产品，吸湿剂所“拔起”的水分也会很快挥发，皮肤依然会觉得干燥。因此，保湿啫哩、凝胶适合作为油性皮肤在夏天的保湿选择（油性皮肤自身分泌的皮脂就是很好的封闭剂），也适合中性 / 干性皮肤在使用保湿霜前的打底。

保湿乳液 在配方上，保湿乳液中的吸湿剂和封闭剂比例适中，所以既不会如保湿啫喱般稀薄，又不会像保湿霜一般稠厚，也因此被大多数人所接受。保湿乳液因为这种配方特点，同时兼具了不错的滋润、吸湿和一定程度的封闭作用，但如果在湿度过低的环境中锁水能力则可能有一定的欠缺，因此，保湿乳液主要适合作为油性皮肤在冬天、中性 / 干性皮肤在夏天的保湿选择，也可以作为中性 / 干性皮肤在冬天使用保湿霜前的加强保湿产品。

保湿霜 和以上产品类别相比，保湿霜中的封闭剂含量明显要高出许多，因此，锁水能力会高出一截，不过相应在使用肤感上也要黏腻不少。保湿霜尤其适合特干性皮肤在一年四季使用，中性 / 干性皮肤在春、秋、冬季使用及屏障功能受损皮肤使用。

● 保湿霜的“修复”作用

皮肤是人体最大的器官，有诸多重要的功能，比如，保护身体免受外界伤害（如物理伤害、微生物）、参与体温调节过程、提供丰富的触觉及排泄（如汗液）等。

皮肤的最外层，叫作表皮层。在表皮层中及表皮层表面，有大量的天然保湿因子、皮脂阻止水分丢失，给皮肤细胞提供了滋润的环境，让皮肤能够正常的工作，维持良好的屏障功能。

但有非常多的因素能够引起皮肤屏障损伤，比如，紫外线、干燥的环境、过度清洁、过度剥脱、皮肤炎症性疾病等。这些因素都会让皮肤丢失天然的滋润成分，让皮肤变得“千疮百孔”，比如，皮肤外观黯淡无光、肤质粗糙、干燥脱屑等，此时皮肤对外界刺激的抵挡能力极大降低。

因此，保湿霜中通常还会添加一些“修复”性成分，通常是人体皮肤本身就含有的成分，或者是一些能够替代相关生理成分功能的成分，比如，神经酰胺、角鲨烯等等，有助于修复皮肤屏障功能。

不同产品中选择的“修复”成分不尽相同，但目前有一些研究发现，单纯的添加一种或数种此类成分能够起到的作用有限，相关成分添加的比例可能更为重要。比如，就有研究指出，保湿霜中同时按一定比例添加脂肪酸、神经酰胺和胆固醇，能够对皮肤屏障功能的“修复”起到更大的作用。

喷雾，为啥越喷皮肤越干？

程茂杰

补水、保湿是护肤中最基本的一步。皮肤干燥、缺水的季节，总有很多人想尽各种办法给肌肤补水。在大家心中，能随时随地、方便快捷地让皮肤感受到湿润的，好像就只有喷雾了。

喷雾就像洒水车，置身在布满细小如烟如雾的水珠里确实能带给肌肤一刹那的清凉感，但我们也同样觉察到这喷在皮肤表面的水分似乎没那么容易被皮肤吸收，很多时候反而有越喷越干的感觉，这究竟是为什么？

● 喷雾中的成分有哪些？

如果我们查看一瓶喷雾的成分，你会发现 90% 以上的主要成分就是水。而除了水之外的成分，那就看商家对喷雾的市场定位了。

喷雾中有一种，简单得除了水，就是气雾剂型喷雾需要的气体推进剂。如国外几个品牌，雅漾的大喷便是水（温泉水）加推进剂氮。理肤泉的舒缓调理喷雾及依云家的喷雾也是水加氮。薇姿润泉舒缓喷雾除了水和氮，还多了二氧化碳，也是推进剂。这种喷雾虽说成分简单，但也胜在成分简单，也没有多余的功效成分或令敏感肌不放心的防腐剂，因而舒缓不致敏。

另外，就是还添加有其他成分及功效的喷雾，如保湿剂（甘油、丁二醇、透明质酸、甘露糖醇等）。舒敏的喷雾可能会加有一些植物提取物或抗炎成分。其他添加成分还有抗痘、抗氧化，甚至不乏香精、香料、防腐剂。还有近几年防晒产品的新卖点——防晒喷雾，这种喷雾也就是功效性水乳霜的使用改良版，只是水的比例自然会多些。

对于喷雾的开发，其实是护肤行业开辟的另一片营销天地。

● 喷雾能起到多大作用？

喷雾里绝大部分是水，水有清洁的作用，同时水能让角质层短暂处于湿润的环境中，也就是大家认为的“补水”的作用。其实，喷雾带来的水分在角质层的停留时间很短暂，充其量也就是临时性弥补空气湿度的不足，虽能瞬间缓解肌肤的干燥状态，但此后水分便会蒸发，甚至会带走皮肤角质层原有的部分水分。同时因为蒸发吸热，会降低皮肤表面的温度，类似于“湿敷”的镇静、舒缓，但效果持续时间却又远远低于“湿敷”。

除了“补水”这一主要作用，更别提功效喷雾里面含有的其他有效成分，其所含比例微乎其微，能对皮肤起多少作用呢？比如，防晒喷雾目前主要建议用于躯干、肢体部位的防晒补涂，用于脸部的效果还是不能令人满意。

喷雾为什么会让皮肤越喷越干?

喷雾将水分停留在皮肤表层后，会面临挥发，又因为喷雾中的水分含有矿物质，当水分挥发后，矿物质就会留在皮肤表面形成盐分结晶。盐分会吸水，这个大家都是知道的，从这里开始推理，就会得出皮肤内的水分会被吸出的结论。结果怎么样呢？那就是皮肤角质层原本的水分被带走，因而本想用喷雾保湿，反而有越喷越干的感觉。

部分喷雾为增加水分在角质层的停留时间及促进角质层对水分的吸收，会加用保湿剂，如前所述的甘油、丁二醇等，保湿剂的作用本为阻止皮肤表面的水分蒸发，甚至需要在皮肤表面形成一层均匀的保护膜才能锁住水分。事实上，由于喷雾剂型的限制，喷雾中保湿剂的含量太低，油脂和蜡含量也较低，无法真正做到保湿。

喷雾的正确打开方式是什么?

首先，喷雾可以在日常护肤中的第一步使用，也就是类似于化妆水的这一步，可以辅助保湿，为后面的精华、面霜做准备。

其次，喷雾还可以用于需要即刻舒缓的场景中，比如，日晒后、皮肤因各种原因出现敏感状态时，以及皮肤有灼热、瘙痒、刺痛、红肿等不适时，这时使用大量的喷雾最主要的作用是降温、镇静，抑制炎症的加重。此时选择喷雾类型要尽量成分简单，刺激性小的。

但无论喷雾用在何种场景，都建议搭配乳液或面霜使用。这是因为使用完喷雾后，及时涂抹保湿乳或保湿霜，才能在皮肤表面形成一层保护膜来锁住水分，避免角质层的水分进一步流失，真正做到“保湿”。

喷雾使用误区

喷雾误区一：用矿泉水、蒸馏水自制喷雾

矿泉水及蒸馏水跟大部分喷雾的主要成分是一样的——水。但是，市售喷雾要么使用封闭包装，使外界的微生物及其他成分对喷雾内的成分不会造成任何影响；要么含有防腐剂。无论哪种保质期限都很长，可以随时随地使用。自制喷雾只能做“日抛型”，毕竟放置一段时间后，各种微生物超标，会对皮肤有潜在影响。

喷雾误区二：越觉得干，越使劲用喷雾

皮肤觉得干燥，除需要结合实际环境的湿度、自身水分补充不足等外，还得审视皮肤是否处于屏障受损状态，此时皮肤锁水能力减弱，大量、反复使用喷雾，后续保湿又做得不足，反而会造成皮肤屏障的进一步受损，使得症状加重。找到原因，对症下药，才能解决根本问题。必要时还需要在专业医生指导下使用药物治疗。

喷雾误区三：过分强调喷雾的功效

很多人希望护肤品功能越全越好，喷雾也不例外，既希望喷雾能保湿、补水，还希望能美白、抗衰、防晒。其实喷雾的剂型最适合用于舒缓干燥的皮肤。如果功效成分含量太少，也就起不到所想要的作用。如果添加太多成分会让喷雾失去舒缓的优势，对已出现问题的皮肤造成新的负担和伤害。

喷雾正确使用方法：喷雾 + 乳液 / 面霜，你记住了吗?

皮肤科医生的护肤课

喷雾要么只是水，要么大部分都是水，因而喷雾的成分决定了它的保湿力度不够，甚至还可能因为挥发将皮肤水分带走，使得皮肤更为干燥。如果只是需要镇静、舒缓，喷雾倒是个不错的选择，需要切记的是，使用喷雾后需要使用保湿乳或保湿霜。

防晒霜请涂够量，否则效果大打折扣

曾相儒

绝大多数人涂防晒霜其实只涂了个心理安慰而已（当然，涂了肯定比没涂好），因为大量调查发现，大部分人涂抹防晒霜的量只达到了真正防护所需量的 25%～50%。有人会说：“我涂的是 SPF50 防晒霜，即使涂了所需量的一半，不也相当于 SPF25 足够量嘛。”真的是这样吗？以下是一组实际防晒效果的数据：

- SPF50 的防晒霜，如果足量涂抹，大约能阻挡 98% 的中波紫外线（UVB）。但如果只使用足量的 50% 时，实际 SPF 值会骤降为 7.1，只能阻挡大约 85% 的 UVB。

- SPF15 的防晒霜，如果足量涂抹，大约能阻挡 93% 的 UVB。但如果只使用足量的 50% 时，实际 SPF 值则仅剩下 3.9，只能阻挡 75% 的 UVB。

这是因为，SPF 值和防晒霜的使用量并不是线性关系，使用量不足将导致 SPF 值急剧下降，紫外线防护效果大打折扣。涂不够量，仍然会有大量紫外线穿透，引起晒伤、晒黑，增加皮肤癌的患病风险，这就是我们反复强调足量涂抹防晒霜的重要原因。

● 防晒霜涂多少才算足量?

若想要严格防晒，至少应该按照 2 mg/cm^2 进行涂抹。对于日常生活来说，这个量很难量化，因此，我们可使用参照物——1 元人民币的硬币。如果是膏状等较黏稠的防晒霜，挤在手心应该有 1 个 1 块钱硬币大小的量（大约 1.25 mL），涂在脸上才是足量的。如果是“露”状等较稀薄的防晒产品，则建议涂抹到 2 个 1 块钱硬币大小的量。如果你涂不到这个量，防晒效果就会大打折扣。

此外，暴露在外的颈部也是需要防晒的。有效的颈部防晒对于预防颈纹、颈部松垂有十分重要的意义。颈部所需的防晒霜量大致和面部相等。

如果在海边、露天泳池等场景下，推荐全身涂抹，覆盖所有暴露在外的部位。每个人的体表面积各不相同，人群平均数大约是 1.73 m^2，除去泳衣和泳裤遮蔽的面积，按照 2 mg/cm^2 的量来涂的话，我们涂抹全身 1 次，大概就需要消耗 30 mL 的防晒霜。

● 补涂也是足量涂抹的重要组成部分

在防晒霜涂抹的方式上，大多数人完全忽视了补涂的问题。防晒霜并非早上涂一遍，就可以保护你一整天，正确的做法是根据具体的场景进行补涂。

防水型 (Water-Resistant) 防晒霜的补涂

1. 于阳光暴露前 15 分钟充分涂抹。

2. 于下述情况时重新涂抹：

——游泳或出汗 40 ~ 80 分钟（根据产品标识防水时长）；

——毛巾擦干后立即涂抹；

——距离上一次涂抹间隔 2 小时。

非防水型防晒霜的补涂

1. 于阳光暴露前 15 分钟充分涂抹。

2. 若游泳或容易出汗的场景，更换使用防水型防晒霜。

3. 距离上一次涂抹间隔 2 小时。

以上的补涂方式是基于严格防晒的需求，在我们的日常生活中可以适当调整。比如，办公室一族，常常只有早上上班、下午下班等通勤路上会接受日光的照射，因此，可以在早上出门前 15 分钟涂抹一次防晒霜，下班前 15 分钟再涂抹一次防晒霜，这样即可满足基本的防晒需求。

● 如何简单衡量防晒是否涂够量了？

我们可以通过看一瓶防晒霜能用多久来判断。以常见的 60 mL 装防晒霜为例。假设是一个办公室工作人员，不需要大量补涂，早上出门前 15 分钟脸上使用 1 元硬币大小的量（大约 1.25 mL），脖子和面部相同，到了下班前补涂一次，脸和脖子再各 1 元硬币大小的量。那么，一天大约需要 4 个 1 元硬币的量，也就是 4x1.25 mL=

5 mL，60÷5=12，60 mL 一瓶的防晒霜只能够涂 12 天。假设周末不出门，那么，这样一瓶 60 mL 装的防晒霜能用上 2 周就不错了。

不过，以上也是基于严格防晒的假设来进行的计算，大家可以根据自己的实际情况进行调整。但不管怎么调整，越贴近以上标准，防晒才算做得越好。

贴片面膜的诸多作用，其实是伪命题

程茂杰

面膜，由于敷完后有立竿见影的“通透水润感”，常常被用作皮肤的“急救”。

面膜也由于其程序化的步骤：撕开包装，取出贴膜纸，贴敷于面部，这一系列连贯操作带来的“仪式感”，也成为女孩们精致生活必不可少的一道流程。

同时，虽然面膜是护肤品中激素添加的重灾区，但无论媒体多少次曝光，抑或质检中心多次出具问题报告，依旧让人一边提心吊胆，一边仍爱不释手，趋之若鹜。面膜到底具有什么样的美容魔力呢？

其实，敷面膜能不能补水，敷面膜能不能减轻痘印，敷面膜能不能延缓衰老，这一系列由面膜带来的疑惑，在皮肤科学界里，都属于伪命题范畴。

如果作为护肤步骤，敷面膜可归类于“保湿”。如果作为治疗手段，那你纯粹是想多了，这根本就是“无稽之谈”。

● 皮肤到底需要多少水分？

在这里的皮肤需要多少水分，主要以皮肤的美观来衡量，即滋润、有光泽作为前提条件。

在皮肤的最外层是角质层，正常情况下，角质层 10% ~ 30% 的成分是水（图 1-2）。当空气湿度低，温度高，或者角质层屏障功能障碍，使得角质层水分低于 10% 时，皮肤就呈现各种干燥的症状。角质层水分含量达到 20% 时，皮肤看起来便是健康饱满的。当达到 30% 时，看起来就格外清新水润。

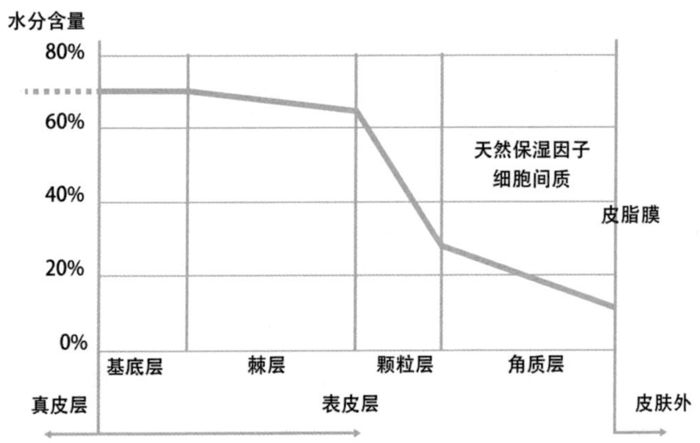

图 1-2　皮肤各层含水量

角质层吸水膨胀，在光线的反射和折射下，会使得皮肤看起来晶莹剔透，甚至有通透如玉的视觉感，这也往往是我们普通人所追求的极致效果。

但是如果水分含量继续升高，能进入到真皮层吗？

答案是否定的。表皮层的各种细胞结构、屏障等不仅能防止水分的过度蒸发，也能防止外界水分及某些物质的大量渗透，从而维持机体内环境的稳定及正常运行。并且角质层水分超过 30%，反而使得细胞间隙增大，这样也会使得皮肤屏障出现问题：脆弱、防御能力下降、易受攻击，同时应对环境、作息、饮食、内分泌等因素变化的调节能力削弱，这时皮肤容易出现各种各样的问题，比如，皮肤敏感、毛细血管扩张、皮肤变薄、干燥、脱屑、发红、发烫等。所以当我们双手长时间浸泡在水里时会变皱，甚至表皮会破损。

综上，由于角质层吸收水分能力有限，角质层的水分不是越多越好。这是你读到这里收获的第一个知识点。

● 接着我们再来聊聊——表皮缺水怎么办？

表皮为什么会缺水？表皮绝大部分水分是由真皮提供的，人体内环境的水分不足不仅可以导致表皮含水量不足，还可以导致真皮含水量不足。其次，皮肤的屏障功能是否健全、外环境是否干燥、温度是否过高，均可以影响表皮的含水量。

所以，喝水是有用的，但很有限。在保障了人体不缺水的情况，也就是供水方没问题的情况下，检查皮肤是否因为疾病，或者护肤不当，再或者外界刺激等因素造成了屏障的受损，这就需要专业的医生解决专业的问题了。

回到主题，便是外环境的问题了，也就是面膜能起到作用的地方。

想说明这个问题，我们先把敷面膜这个步骤拆分开来，一是“敷”这个动作或者手段，二是“敷”的是什么成分。

“敷”这个动作

无论敷什么，“敷”都可以在皮肤表面形成短暂的密闭空间，从而通过水合作用暂时增加角质层的含水量。

为什么说是暂时呢？角质层含有水分的能力是有限的，随着面膜时间的结束，超出自身吸收能力的水分便随之蒸发在空气中，角质层的含水量又下降了。而角质层这时的含水量是受自身功能是否健全及外界温度和湿度影响的，除非空气湿度大，或者用了强力锁水保湿的护肤品让角质层保持高含水量，否则，皮肤依然会回到原来的样子。

如何延长水分在角质层的停留时间，这便是敷“面膜”与普通敷“水”之间，以及不同面膜会让人觉得保湿效果不一样的区别所在了。这也是步骤拆分第二点的关键之处。

“敷”的是什么成分

承上，我们需要尽可能延长角质层水分的保持时间，而水合时间过长也就是敷的时间过长，如前所述，会导致皮肤屏障受损的风险增加。故需要在面膜中添加能减少或延缓水分蒸发的成分，而这些成分的差异便是面膜作用效果及维持时间的差异了。最基本、最常见的便是保湿剂或封闭剂，如透明质酸、甘油、丙二醇、凡士林等。看到这些名字是不是很熟悉？回想一下前面所讲的内容，普通保湿护肤品里面是不是也含有这些成分？也就是说面膜和普通护肤品相比，所含的最基本的功能成分是没有任何区别的。

所以，面膜的补水保湿功能，只是暂时的，并且成分跟一般保湿护肤品也没有什么区别。这是你读到这里收获的第二个知识点。

● 贵的面膜里面含有的功效成分能起到多大作用？

理论上，高浓度的维生素 C、烟酰胺、氨甲环酸等成分确实有抑制色素和淡化色斑的作用，但落实到护肤品上，毕竟不是药物，安全性虽说更高，相对而言浓度也就尽可能的低，甚至很多商家都不敢直接标明其有效浓度到底有百分之多少，足以证明带有这些成分的护肤品，宣传带来的经济效应远远大过其真实能产生的效果。其次，一些标注有具体浓度的，尤其高浓度的，对于大部分“手残党”更会是弊大于利。当然，对自己肤质有一定了解，能见好就收或及时止损的，也可以试一试。面膜作为护肤品的一种，道理是相通的。

面膜所宣称的美白、淡斑、祛痘等功效，不会有太多作用。这是你读到这里收获的第三个知识点。

● 敷面膜是不是就真没有什么必要了呢？

那也不是。如果纯粹吃米饭、白水青菜就可以满足身体营养所需，那我们还要各种餐饮文化、火锅小面、红酒＋牛排干吗呢？

如果纯粹只是收纳，拎个塑料口袋出门便好，还要各种“包”治我们千奇百怪的购买欲、满足女孩们向往的精致生活干吗呢？

作为部分女孩子生活中一项神圣的不可或缺的仪式，敷面膜的象征性、代表意义已经远超其实际带来的作用，但我们又不能否认这些作用能带给我们积极的对美好生活的向往及追求。

改革开放的特征，不就是通过解放和发展生产力来满足我们日益增长的物质文化需求吗？！

● 有什么可以替代面膜？

平日里做好保湿，或者干燥季节里适当增加居所环境的湿度，也可以达到和面膜同等的作用。如果没有经济能力敷面膜，用水敷一敷脸后，再及时涂抹上精华液、保湿霜，也可以具备敷面膜差不多的功效呢。

皮肤科医生的护肤课

敷面膜作为精致生活所需要的仪式感，心理感受大于实际作用。如果有什么烦恼是敷一张面膜不能解决的，那就敷两张！不过，切记不可贪多也不可频繁使用。

第二章

看透彩妆产品，共享美丽与健康

精选眼妆，提升眼睛的神采

董禹汐

古埃及用木炭与动物脂肪混合，制成软膏，染黑眼睑，这是原始的眼影形式。后来有女性收集蜡烛火焰上方的烟灰染黑睫毛。再后来，有人使用凡士林“滋润”睫毛、在睫毛上使用松节油，等等。睫毛可以让眼睛更加突出，更有活力，眼睛在整个面部的地位可以说是稳若泰山。除了睫毛膏和眼影，我们使用到的眼妆，还会有眼线、眉笔、眉粉、染眉膏等，这类产品可以隐藏眼部皱纹、瑕疵，调整眼周颜色，让眼睛更有神采。

● 眼周结构

眼睛表面由上下眼睑覆盖，眼睑也就是上下眼皮，它们的活动由眼睛周围的肌肉控制。眼睑是全身皮肤最为薄嫩的位置，日晒、反复揉搓、摩擦可能导致眼周颜色暗沉，表现为暗棕色或褐色的色素沉着。如果休息不佳或眼周循环不良，可能导致眼周血液循环淤滞，产生暗紫色的表现。因此，眼妆的一大功能，就是遮蔽黑眼圈。

● 眼妆的安全性

眼睛是如此的重要，我们会担心（浓郁的）眼妆对眼睛造成伤害。眼妆涂在眼周，覆盖在眼睑、睫毛、眼睑边缘或眉毛部位，其中可能涉及入眼风险。尤其是在睫毛和眼睑边缘化妆，也就是使用睫毛膏和眼线笔产品，会提高眼睛发病的概率。因此，从安全角度讲，各国规范对眼部产品要求比较高，也建议大家尽量选择正规品牌的产品使用。

● 各种类型的眼妆

眉粉、眉笔、染眉膏

最常用、使用起来最顺手的眉笔有木质铅心或者自动铅笔式，是将颜料分散在低熔点的油脂或者蜡基中制成笔芯。

眉粉、眉笔的性质，应该是柔软易描的，但不易折断，可以勾勒细线，不易脱妆，在汗水影响下也不容易散乱。通常成分包括着色剂（红色、黄色、黑色氧化铁，二氧化钛，滑石粉，高岭土等）、蜡类、酯类、油类成分及香料等。它们的生物性质都很惰性，不会与皮肤发生反应。

眼影

眼影覆盖在眼睑区域和眼角，根据我们想要实现的外观，按自己的偏好来选择颜色，通常用浅色、中色、深色三种颜色互补色调，实现漂亮的外观，突出立体美感。

眼影的色调是最多彩的，几乎覆盖了全部颜色，而眼影的形态，以油膏和粉饼型常见。

眼影的常用成分，包括蜡类、酯类、油类、膨润土、着色剂、珠光剂、云母、滑石粉等，它们有溶剂、增稠剂、着色的作用，可以调节肤感，打造亚光效果等。

好的眼影，应该是易涂抹均匀、不产生油光、不易脱妆、较持久，且不会因为颜色的叠加而发生混合。

睫毛膏

睫毛膏可以将睫毛染色、增加密度和长度，甚至维持睫毛的卷翘，通常可以分为防水型和耐水型睫毛膏。

防水型睫毛膏 以蜡类作为基质，需要用含油的卸妆产品来清洁，它们同时也是很耐用、防污、防涂抹的，如果是新型无水凝胶配方，则可以使用水洗或香皂卸妆，而不需要特殊的卸妆产品。

耐水型睫毛膏 主要是以硬脂酸或油酸三乙醇胺、皂基为基质，可以用水洗或香皂、卸妆水卸妆。

睫毛膏的成分，除了有着色剂、成膜剂、天然或合成纤维外，还会添加有防腐剂以免内部滋生细菌，万一直接接触眼睛，可减少或避免眼睑感染等问题。

好的睫毛膏，首先要无刺激且无微生物污染。其次是刷染时附着均匀，不引起睫毛粘连、结块、不易脱妆。最后是要有一定的光泽和挺硬度，稳定性好，不易沉淀分离。

眼线

眼线用来勾勒上下眼睑的轮廓，甚至可以让眼型看起来有所改变，它们通常是液态或者铅笔、蜡笔式的。

由于眼线直接靠近眼睛黏膜，建议使用时小心，避免误伤眼睛。

好的眼线产品，应该是无刺激、无微生物污染，干燥速度较快，易描摹，着色均匀、持久性好，耐水、稳定（指性质，遇水不易变化、脱落、分层）的。

● 浓郁眼妆会不会加速眼周衰老？

了解了以上信息，我们能够掌握的是：好的眼部产品是有安全性考虑的，应该是无刺激、无污染的。

大部分眼妆耐水，需要卸妆，不同产品有不同的卸妆要求。

在确保产品安全的情况下，眼妆中的主要成分都是附着于皮肤或者睫毛表面着色，对“衰老”的影响不大，但是频繁地化妆和卸妆，在眼周会形成机械性的刺激或摩擦，可能加速眼周皮肤的松弛，影响其弹性和紧致度，或者加速色素沉着，在这一点上，眼妆对眼周老化确实做出了“贡献”。

眼周皮肤的老化，主要与眼周表情（大笑时的鱼尾纹、皱眉纹）相关，表情的反复挤压，会导致部分胶原移位或者流失，形成皱纹；日晒也会破坏皮肤 DNA，形成光老化表现，包括皱纹、毛细血管扩张和色斑等；另外，随着时间推移，眼周皮下组织容积会减少，眼窝也会深陷，出现不够饱满的松弛衰老外观。

在担心眼妆造成老化的同时，我们还要仔细盘点其他会导致眼周老化的因素，并逐一采取行动，预防眼部老化，如表情管理，局部使用肉毒毒素减少动态纹产生；积极做好防晒，预防色斑加深，预防紫外线造成的光老化；必要时考虑填充剂注射，改善凹陷外观，等等。

腮红排除过敏成分，才是妆容的点睛之笔

张清颖

腮红（cheek blusher）或称胭脂，是我们日常化妆中的常备物品。中国古代把涂抹于皮肤表面的化妆品称为“燕支”，后来演化为“胭脂”，是精致妆容的点睛之笔。各位喜欢化妆的朋友不知道有没有注意过，虽然腮红使用量不多，总是处于较后的化妆步骤，但如果腮红选择得不好，有时候皮肤容易出现过敏情况。

那腮红里面主要有哪些容易导致过敏的成分呢？其实，腮红成分中的色素、防腐剂、重金属、香精和其他一些可能出现的成分都有致敏或者有害的可能，但是程度有区别。

● 着色剂

着色剂又称色素，是腮红中起赋色作用的重要原料。《化妆品卫生规范》规定了化妆品用着色剂品种、使用范围和限制条件。1695 种禁用和限用物质里面包含了 156 种着色剂。由于对人体健康有潜在危害，如过敏反应。欧盟化妆品法规（EC1223/2009）禁止

在化妆品中使用酸性紫 49、颜料红 531、酸性黄 36、罗丹明 B、结晶紫、分散黄 3、颜料橙 5、溶剂蓝 35、苏丹红等物质。我国也规定禁止化妆品中添加上述着色剂。美国 FDA 规定颜料红 57 禁止用于眼部化妆品中；酸性黄 36 不可用于眼部、唇部等化妆品中。其他着色剂，如罗丹明 B 等则在所有化妆品中禁用。早期人们使用天然颜料作为着色剂，除这些天然和惰性色素外，现在常见腮红中多使用煤焦油产物等人工合成的着色剂。如果不法原料商家为降低生产成本或者达到某种特殊效果生产出不符合规范的产品，腮红厂家又从原料商手里购买质量低劣的着色剂原料，甚至禁用的着色剂制作腮红，最后消费者使用后就会出现皮肤过敏或毒性反应，严重者甚至诱发癌变。

● 防腐剂

防腐剂是腮红的必备成分，用于杀灭和抑制腮红中的微生物，延长保质期，维持品质。防腐剂种类繁多且大多有一定的刺激性，当其达到一定的浓度和剂量时可能会导致皮肤过敏、皮炎，甚至加速色素斑的形成。防腐剂按化学结构可分为甲醛供体和醛类衍生物防腐剂（如咪唑烷基脲、季铵盐等），苯甲酸及其衍生物防腐剂（如苯甲酸、对羟基苯甲酸酯等），醇类防腐剂（如苯氧乙醇、苯甲醇等）和其他有机化合物防腐剂（如异噻唑啉酮类、布罗波尔等）。甲醛是一种非常常见的过敏原，低浓度的甲醛就可能引起接触性皮炎。有调查报告近 43% 的市售抽检洁面乳含甲醛，某款知名婴儿洗发水也曾检测出甲醛，虽然很少直接作为防腐剂，但咪唑烷基脲、季铵盐等使用时可释放甲醛。

最近受到非常多关注的是尼泊金酯类防腐剂，从化学结构上讲主要是甲酯、乙酯、丙酯、苄酯等成分，它们作为混合物来使用，短链的抑制细菌，长链的主要对抗真菌，浓度可达到 0.8%。尼泊金酯类是相对较弱的过敏原，一般不致敏，用于受损皮肤时才会引起过敏反应，所以没有必要反应过度。但是由于目前缺少对于羟基苯甲酸异丙酯、异丁酯、苯酯、丁酯、戊酯等 5 种尼泊金酯的安全评估资料，所以其作为禁用物质被列于化妆品管理规范附录。

● 重金属

有害金属元素是化妆品质量控制的重要指标。2006 年 SK- Ⅱ系列产品中“铬钕门”事件、2011 年美国 FDA 分别公布多款名牌产品中含铅的报告、2012 年加拿大环保组织关于“潜藏在化妆品中重金属的危害”报告等引发人们对于重金属对皮肤危害的广泛关注。欧盟及我国化妆品卫生标准把汞、金、钴、钡、铍、铊、铬、砷、锑、碲、镉、钕、铅等列为化妆品禁用物质。铅及其化合物容易在机体中累积而伤胃、肾脏、神经系统，还会导致不孕不育。长期接触汞及其化合物会导致中枢神经系统和泌尿系统受损。2012 年的一份调查报告显示，在北京等 10 个城市抽检的化妆品中有 23% 超过标准，有些化妆品汞含量甚至超标达 4 万倍，另有 10% 产品中的砷或铅超标。有些重金属超标是人为添加，有些是常用原料高岭土、火山灰等带入。长期超量外用可以经皮肤吸收引起中毒的严重后果。

正规途径售卖的腮红一般有国家监管或者抽查，很难出现重金属超标的情况，但网上的小品牌或者三无产品、劣质腮红，不能避免这类重金属超标的情况，尽量不要选购这类产品。

● 香精

部分腮红中添加香精，不一定是为了让腮红闻起来有香味，主要用于掩盖、调和其他成分的不良气味，让使用者感觉更舒适。斑贴试验是诊断某物质过敏的有效方法，有学者对化妆品过敏的患者进行斑贴试验，发现 13% 的人是对其中的香精过敏。欧盟化妆品和非食品科学委员会规定了 26 种可致敏的芳香物质用量超过某一限量，要在化妆品中标识或禁止其应用。如果你购买的味道特别好闻，用了又容易过敏，要小心香精过敏的可能。

● 微生物

微生物是影响化妆品质量的主要因素之一。有关部门的抽检中发现普通化妆品的微生物超标较普遍，更何况开封时间较长的化妆品。另外，残留在粉刷上的腮红极易滋生细菌，不及时清洁的粉刷无异于细菌培养皿，用这样的粉刷上妆，容易刺激皮肤，甚至出现诱发粉刺、爆痘等情况。大号腮红刷如果经常使用，因为其与脸部接触范围较大，建议每周清洗一次。清洗时可以使用流动的清水仔细冲洗掉上面残留的粉剂，晾干后再使用。

● 基质——滑石粉

最后纵观常见腮红的成分，发现其成分含量最多的是滑石粉。虽然目前没有明确的数据证明滑石粉可以增加皮肤的过敏问题，但粉剂容易在皮肤表面附着，长时间使用有“闷痘”的可能，所以每次使用腮红后都建议卸妆，减少过多滑石粉在皮肤表面的残留。另外，长期使用腮红制剂，需要注意避免过多粉剂对于呼吸道意外摄入的风险，粉剂很容易扩散到空气中被误吸到呼吸道，导致呼吸道过敏的情况。所以正确的腮红涂抹方式建议每次少量，同时遮住口鼻，以避免误吸。

● 其他

某些植物提取物被直接加入腮红中可能成为致敏原，如茶树油、柠檬油精曾被报道致敏。对香料成分过敏的人通常也建议避免使用含植物提取物的产品，如精油。蛋白成分如燕麦、大豆提取物、水解小麦蛋白也可能引起过敏症状。

有些腮红中会添加部分表面活性剂，其中的一些表面活性剂由于具有较低的潜在刺激性，对皮肤温和而被广泛使用。然而低的潜在刺激性也不排除可能引起皮肤过敏，例如，椰油酰胺丙基甜菜碱和烷基糖苷在化妆品中就是隐藏的过敏原。

腮红，该用还是用，但是出现皮肤敏感的情况时，建议暂停使用。在排除相关过敏因素后，再挑选更为安全的化妆品以维持美丽的妆容。

隔离霜、BB 霜、CC 霜的成分及色号选择

张清颖

用于修饰皮肤颜色质地的产品的起源应该在国外，早在 1928 年 Lydia O’Leary 就制成了化妆粉底遮盖她的葡萄酒样痣，发展到现在有接近 100 年历史了。接近一个世纪的时间里遮盖产品演化出了非常多的种类，除了粉底，还有隔离霜、BB 霜、CC 霜等，除产品质量好、容易使用、质地好、肤感好、持久、时尚等常规因素，这么多类型的遮盖类产品有什么区别，该如何选择呢?

遮盖类产品主要利用光线的吸收、反射的波长及反射光的强度不同而产生不同的颜色和明暗程度。此类产品中的粉质原料一般来自天然矿物，有可能含有汞、铅、砷等有毒物质，但我们可以放心的是，正规化妆品中这些物质的含量是不会超过《化妆品卫生规定》中规定的限量的。大家尽量避开购买来源渠道不明的化妆品、避免使用“三无”产品，一般正常使用遮盖类产品通常是比较安全的。

有人会疑惑，粉质轻薄肤感似乎更好，那么，是不是越细越好呢?应用于化妆品中的粉料细度在 300 目以下，堵塞毛孔而导致毛囊炎

或痤疮等不良反应的风险会增加，所以粉质也并非越细越好。此外，还有一些能遮盖白斑的化学遮盖方法，如外用二羟基丙酮，该成分可与皮肤蛋白质上的游离氨基酸结合形成类似于正常皮肤的蛋白黑素，效果可维持 3 ~ 5 天，在此不赘述。

● 什么是隔离霜、BB 霜、CC 霜呢？

隔离霜

名字叫作隔离霜，那么，它可以隔离些什么呢？它能隔绝彩妆与外界的污染？电脑辐射？用化妆品去隔离化妆品？这些其实并没有依据。

各大品牌隔离霜英文原文主要有 Primer、Base 或者 Sunscreen、Block、Protector、Shield。虽然目前市面上的隔离霜大都宣称集各种功效于一身，但根据它的英文名称和成分功效，它其实可以简单地被认为是防晒霜或者妆前乳。如果你主要想要的是防晒那一类的效果，常见英文如 Sunscreen、Block、Protector、Shield，不论 PA 值、SPF 值，请你一定涂够量（全脸一次涂抹的量大概是能覆盖一元硬币大小的量）并且注意补涂，如果你使用的隔离霜不适合涂那么厚，请还是回归通俗的防晒霜吧。那么，剩下的另一类，常见英文为 Primer、Base，把它认知为妆前乳，用来填平皮肤，提高肤感，改善肤色不均反而更有意义。

BB 霜

BB 霜全称 Blemish Balm Cream，有翻译为“伤痕保养霜”，原本是给激光术后的病人设计的，但它早已和术后修复相去甚远。有人认为 BB 霜就是粉底的一种，配方体系还是油包水体系外加色粉。韩国人把 BB 霜发扬光大，色粉含量少些，更轻薄易涂抹，主要的卖点在于“裸妆”“无妆感”，甚得走清新路线的“懒美眉”欢心，倒逼得各大知名老牌化妆品厂商争相推出 BB 霜，但它很容易脱妆、花妆，“见风即化、出门即糊”说的就是它。另外一个缺点就是色号比较少，有时候没办法挑到特别适合自己肤色的 BB 霜，色号少也变相地降低了制造成本，所以优点是大部分 BB 霜价格比较亲民。近几年“风”很大的是气垫 BB 霜，气垫的使用更好地控制了每次的蘸取量，补妆也相对容易，所以很受欢迎。BB 霜现在的市场热度正逐渐下降，害怕妆感太厚重的入门级选手，或者皮肤底子极好不需要太多修饰的小仙女还是可以尝试的。

对于爱学妈妈化妆的儿童，韩国有一款面霜做成了气垫 BB 的形式，外形非常可爱，里面的内容物就是普通的保湿霜，可以放心使用。

CC 霜

CC 霜是 Color Control/Correcting Cream 的简称，意思是调节、修正肤色的产品。CC 霜可以说是 BB 霜的升级产品，在其基础上加入了皮肤护理活性成分，比如，脂质体、透明质酸、神经酰胺、植物提取物、维生素、辅酶等成分，于是多了美白、保湿、抗过敏等保养肌肤的功效。考虑到 CC 霜并非专注于这些功效，部分植物提取物甚至容易导致过敏反应，笔者认为，如果想要如上这些功效不如在精华里下功夫。但对于有些需要极长时间带妆的职业，如空姐之类，还是有它的立足之地的。干性肤质选择 CC 霜也会比较保湿。

● 遮盖类化妆品该如何选择色号呢？

很多朋友不知道，其实遮盖类化妆品也是存在色号选择的，我们通常应该选择肤色还是比肤色稍微白些效果更好？

其实色号分两个维度，色调和色阶。色调一般是黄调、粉调、自然调；色阶就是每个色调的深浅。我们主要想要的是均匀和适度的提亮肤色，但请注意千万不要选比肤色白一个色号的粉底，脖子和脸是两个色真的看起来很可怕。当然，如果实在想选白一个色号的，麻烦把脖子和脸一起涂白。也可以在眉心、苹果肌、下巴、鼻背薄涂白一个色号的粉底让妆容更立体。有条件可以先购买小样，在自然光线下试色，没有什么方法比上脸检验更好了。

市面上有不同颜色的遮盖类产品，除肤色外，其他颜色的霜通常利用两种互补色彩还原成中立色从而降低色彩强度。比如，绿色的对比色是红色，可以更好地遮盖红血丝、血管瘤、新鲜的瘢痕；黄色的对比色是青色，更擅长遮盖瘀斑、黑眼圈、静脉曲张、色斑。如果你有相关需要调整的肤色问题，选择更适合遮盖相应问题的彩色产品比较合适哟！

但是，如果想要的是持妆久、遮盖力特别好的遮盖类产品，还是选专业维持效果时间长的粉底液会更好。因为粉底液由于使用了高折光指数的粉体，有黏附性强、吸收作用好等优点。另外，对于一些患有皮肤疾病需要极强遮瑕效果的人们，则需要选择一些更专业的遮瑕产品，遮瑕效果相当好并且不容易沾染到衣物，颈部身体也适用。

定妆喷雾与定妆粉适用不同肤质

张清颖

夏天气温的飙升、在健身房剧烈运动、情绪容易激动……来自多汗星球的小仙女，化着美美的精致妆容出门，最怕的是什么？必须是：妆容防水性差、粉底容易聚集、花妆和糊妆。还好定妆产品可以拯救她们，比如，定妆粉、定妆喷雾。

定妆粉的主要功能是吸收汗液和皮脂，让妆容更持久，更长时间保持各部位的“粉”均匀地待在它应该待的位置，要不刚走出门，脸上的妆就把你脱回原型了。为了适应美容的更多需求，又出现了粉色和蓝色，甚至多色成型的定妆粉（two-way cake），不同颜色的定妆粉对肤色起到对应的修饰作用。

定妆喷雾以水为主要基质，可以适度的融妆，使妆容更自然，其含有的保湿成分也有一定的保湿功效，部分定妆喷雾还添加了控油等其他成分。

为了让妆容不花，该如何选择适合自己的定妆产品呢，下面就跟各位絮叨絮叨。

定妆粉

定妆粉通俗的名字叫作散粉，蜜粉、晚安粉、粉饼都属于散粉类。它不含油脂，常用成分为滑石粉、硅石、云母、各种着色剂、二氧化钛、氧化锌，部分产品中还有少量成膜剂、润肤剂、吸附剂、香精、防腐剂等。

粉体原料根据粒子形状分为片状、球状及介于两者之间的不规则形状。球形粉体如二氧化硅、聚甲基丙烯酸甲酯（PMMA）、尼龙粉等让散粉的丝滑感和肤感更好。散粉的粉体粒径主要在几微米到几十微米之间，太小容易堵塞毛孔，太大会让肤感粗糙不服帖，也影响光的反射从而影响上妆后皮肤的亮度。除原料安全性（如劣质的滑石粉原料可能含有石棉）、使用感和稳定性外，好的散粉要求柔滑、附着性强、显色好、组成均匀、不结团、不油腻。

皮肤油脂分泌较旺盛的仙女们，化妆后随着时间推移油脂分泌，融化了一部分油溶性的化妆品，会非常影响妆容的效果。那么，在化妆的时候，可以把定妆粉使用在粉底液或粉底霜后，抑制汗和皮脂的分泌，粉状物可以吸收油脂，做美容装饰或补妆用。它还可以调节皮肤色调，显示出哑光且透明的肤色，产生柔软绒毛的肤感。有些散粉还增加了防晒作用，虽然作用不强，但有一定的防晒功能。缺点是粉状的质地决定了它用于干性皮肤、细纹多、表情多的小仙女时极易卡粉。油性皮肤不易定妆，长发飘飘飘到“脸上巴起”（四川话，意思是粘到脸上）也不是很好的体验啊。最后补刀：如果您的皮肤实在是出油太重，定妆粉都救不了，请咨询专业的医生，给您一些生活上的建议，推荐适合您的化妆品，甚至权衡利弊下使用控油的药物，我们还是有一些其他的办法可以更好地控油的。

● 定妆喷雾

对于皮肤比较干的“妹纸”，如果在做好了保湿的情况下妆容依然容易出现浮粉、脱妆的现象，小仙女们一定非常苦恼。这个时候，就该定妆喷雾大显身手了。

定妆喷雾出现在市面的时间不如定妆粉长，还有人认为定妆喷雾就是在收“智商税”，但由于弥补了定妆粉的弊端，定妆喷雾乍一出现便受到女性朋友的热烈欢迎。定妆粉对干性皮肤的“妹纸”可以说非常不友好了，但水雾状定妆产品既能补水，还能贴妆，优势明显。

定妆喷雾主要通过保湿和成膜等成分起作用。有人在妆前使用，可以让妆面更加服帖自然；也有人在妆后使用，可以对不服帖或者厚重的妆感起适度的融妆作用，使妆容持久不花妆、不浮粉，从而达到稳定妆容的目的，即使在游泳、健身这种凌乱的情况下也有助于维持妆容。部分不含成膜剂的定妆喷雾主要起保湿的作用，有融妆作用但定妆效果不强。

那么，既然是因为皮肤油脂分泌不足、皮肤比较干燥引起的卡粉，普通保湿水或保湿喷雾可以替代定妆喷雾吗？答案是否定的。补水保湿镇定类型的喷雾的成分可能只含水或者一些简单的抗氧化、保湿的成分，再加上氮气或者二氧化碳作为推进剂，不含乳化剂或者丙烯酸（酯）类的成膜剂，达不到融妆、维持妆容的效果。

油性皮肤的小仙女用了定妆喷雾一定是容易晕妆、融妆的，干性皮肤用了散粉常常让皮肤干燥、浮粉。一般来说皮肤油的小伙伴一定要优先选择定妆粉，“干皮星人”一定优选定妆喷雾，当然也可以根据面部不同区域的皮肤特点将两者结合使用。这些知识点您掌握了吗?

巧涂唇膏，让唇色散发个人魅力

董禹汐

如果出门时间紧张，只能简单化下妆，大多数女性会选择使用眉笔和口红。

唇部涂上合适的口红可以提高面部整体的吸引力，无论是从注意力法则出发，还是从提升面部视觉美感出发，唇妆无疑是女性魅力的重要元素。

● 唇部的结构

嘴唇主要由口轮匝肌组成，我们肉眼可见的唇部外层表面被皮肤覆盖，有毛囊、皮脂腺和汗腺，内层是唇部黏膜及唾液腺，两边过渡区是嘴唇的朱红色边界，也就是唇红。唇红表面没有毛囊也没有唾液腺，也就是说嘴唇表面不会长毛发，看到好吃的东西，唾液也只会在嘴的内部产生，不会从嘴唇分泌出去，不过约有一半的人唇红上会出现皮脂腺，外观看上去是粟粒大小淡黄色小丘疹。

嘴唇内部，毛细血管中的血红蛋白是决定嘴唇颜色的主要因素，唇部表面的黑色素极少，角质组织也比面部皮肤其他部位更薄，因而显露出毛细血管充盈的红色。也正是因为如此，嘴唇对外界刺激，如化学、物理和微生物的损害非常敏感。

● 嘴唇很娇弱

如果长期暴露在阳光下，特别是肤色白皙的人可能会出现光化性唇炎，唇部红肿、水疱、渗出、糜烂等，并伴随瘙痒及疼痛感。

日光的刺激也会导致嘴唇的光老化，表现为唇色暗沉、纹理增粗、唇纹增多等，因此，皮肤科医生会建议你为唇部防晒。

● 口红的历史

18 世纪，人们用来做口红着色的材料可能来自于动物、植物或者矿物质，比如墨西哥的胭脂虫、软体动物中的紫色染料、巴西的紫檀，甚至用过氧化铅、硫酸汞（朱砂）等。

20 世纪，口红被做成糊状，放在小罐子中出售。随着 20 世纪 30 年代电影的传播，嘟嘴的红唇给人们带来了不可预估的影响力，各种颜色的唇膏制品变成时尚女性纷纷追逐的产品。

我们今天使用的口红，如果细致分类，还可以分为口红、透明唇膏、唇线笔、唇彩等。它们可以是无水的产品，也可以是含水的乳化体系。

口红的基本成分

口红会用到的原料成分包括：着色剂、填充剂、蜡类、酯类、天然油类、碳氢化合物、活性成分（抗氧化剂等）等。

着色剂

当我们查找口红的成分表，会发现“CI XXXXX”，X 代表数字，CI 后面通常有 5 位数，这是染料的索引号，比如“CI 77491”就代表了红色氧化铁的颜色，即一种着色剂。

着色剂会被分成矿物着色剂、有机着色剂和珠光颜料。

矿物着色剂 口红用量最大的着色剂，包括二氧化钛和氧化铁，高岭土和石灰粉。它们可以用来矫正口红颜色的深浅、复配调色，以及改善唇膏质地。

有机着色剂 一般是铝、钙或钡色淀，但每个国家允许使用的着色剂是有差别的，一些可能不太安全的着色剂正在逐步被禁用，如 CI 15850 钡色淀，在美国允许使用，在我国、欧盟和日本禁用。

珠光颜料 包括二氧化钛 / 云母，云母 / 二氧化钛 / 氧化铁和氯氧化铋，它们可以通过对蓝光、红光和黄光的反射，产生类似柔焦、缎面、闪光的效果。

除了以上颜料之外，还有溴酸染料，它是可以使唇膏“变色”的幕后高手，那些变色唇膏，多数是添加了溴酸染料，根据皮肤的酸碱度变化而变色。

蜡、酯和油类

唇膏中，蜡类和油脂是主要承载成分，起着成形剂的作用，唇膏的光泽、刚性、硬度、熔点主要与蜡类相关，包括蜂蜡、蓖麻蜡、巴西棕榈树蜡、微晶蜡等；而肤感、保湿、溶解性主要与油相关，包括蓖麻油、霍霍巴油、羊毛脂、植物角鲨烷、向日葵籽油等；稳定、增加黏附作用、改善铺展性，则主要由酯类完成，包括鲸蜡醇乙基己酸酯、植物固醇油酸酯、异硬脂酸异丙酯等。

其他

唇膏中添加的抗氧化剂，主要是 β－胡萝卜素，抗坏血酸和生育酚；产生芳香气味的成分通常是易蒸发的有机化合物；如果是无水产品，几乎不含防腐剂，或者含有极少量的防腐成分。

● 唇膏的选择

优质的唇膏应该符合以下特点：

——对唇部无刺激（应是可食用的原料）、无害（重金属含量低）、无微生物污染；

——味道自然，令人愉悦；

——外观颜色均匀；

——涂抹平滑顺畅，不易漂移或脱色，但不至于很难卸去；

——稳定，存放不出现结块、破碎、软化或者异味、“发汗”（类似表面水珠）。

对唇彩来说，均质、涂抹后具备光泽感是更被看重的品质。而唇线笔，则要考量它的着色性和固色性，毕竟唇部线条的勾勒要精准利落，不然会显得妆容不够干净精致。

裸色唇妆往往得不到理想中的效果，色号选择应选比原始唇色淡一号或深一号，而不是选淡棕色。

薄唇，尽量不选深色唇膏，也不选色泽饱和的色调，薄唇涂这两种颜色唇膏会让人显得刻薄。建议选择淡色调或明艳颜色。此外，唇彩也是不错的选择，还可以向上下方扩展上色边界，显得唇部饱满丰盈。

如果上妆后的颜色与唇膏颜色差别较大，可以尝试先在唇部使用遮瑕产品，再使用唇膏。

持妆之后要卸妆，做个清爽的小仙女

张清颖

卸妆类产品对应的英文原文是 make up remover，当我们追求持妆效果的同时，卸除妆容也就更需要关注。卸妆类产品包括卸妆油、卸妆水、卸妆乳、卸妆膏等，主要用于彩妆类化妆品的清洁护理。由于眼、唇部位特殊，相关的卸妆产品会单独列出。部分小仙女不爱好化妆，只做日常的护肤，而日常防晒隔离后适合使用的清洁产品也会在后文中列出。

● 卸妆产品

各种卸妆产品都有什么特点，我们该怎么选择呢？

卸妆油

卸妆油是一种加了乳化剂的油脂。配方基本成分包含矿物油、合成酯或植物油。其成分中选择的油脂及乳化剂是决定卸妆油功效的主要因素。彩妆中非极性的固态烷烃类的成分比较多，而矿物油同样是非极性，于是卸妆油“以油溶油” 和彩妆里的油互相溶解，再通过水乳化后，用清水冲洗可将面部污垢带走，清洁力强，适合卸除浓妆或者干性皮肤卸妆。如果使用了持妆效果极好的粉底液等难卸的化妆品也可以考虑使用卸妆油。“痘痘肌”不适合使用卸妆油和卸妆膏来卸妆，这类卸妆产品容易残留于皮肤表面，其残留的油脂容易堵塞毛孔，引起爆痘。

使用方法：涂抹卸妆油前双手和面部需保持干燥，否则卸妆油提前乳化影响卸妆效果。轻柔地推开卸妆油于皮肤，温和地按摩 1 ~ 3 分钟，当感觉面部彩妆已经基本与卸妆油相融合，再取少量温水乳化卸妆油数十秒，然后用大量清水冲洗面部、柔软毛巾沾干。洁面后 3 ~ 5 分钟，趁皮肤水合比较充分时，进行后续护肤程序即可，避免间隔时间过长，皮肤表面水分蒸发带走皮肤本身的水分。

卸妆水

卸妆水不含油分，较适用于油性或过敏性皮肤的美眉使用。现在比较流行的“胶束水（micellar water）”的概念，集卸妆、清洁护肤三合一，就是从卸妆水衍生而来，虽然厂家宣传使用后无须清洗，但是敏感肌肤还是建议使用后清水洗净。卸妆水分为强效和弱效。强效卸妆水包含溶剂、表面活性剂和碱剂。溶剂对于皮肤的细胞也有很强的渗透作用，容易过度去除皮肤表面的皮脂膜，造成皮肤干燥、红斑、皱纹、敏感等情况，但可以快速而全面地溶解彩妆。碱剂会改变皮肤本来呈弱酸性的 pH，易刺激皮肤。表面活性剂简单来说呢就是让卸妆水里面的各成分和谐共处，摇一摇起泡就是表面活性剂的功劳啦。它是化妆品行业的基础原料，是由疏水基和亲水基组成的两亲性化合物，一头亲水一头亲油，用于建立各种各样的分散体系，如悬浮液和乳液。弱效卸妆水主要成分是多元醇，有保湿作用，可以溶解油脂，亲肤性和亲水性都不错，类似于卸妆凝露。良好的亲水性使卸妆水不会有残留或伤害皮肤，但是清洁力一般。

使用方法：常规是卸妆棉蘸取卸妆水后擦拭皮肤，之后根据每个产品不同选择洁面或者不洁面。笔者尝试了一种卸妆水的使用方法觉得还不错，大家可以一试：先用洗面奶轻柔清洗面部，蘸干，再按普通的卸妆水用法去轻柔擦拭。这样轻轻擦拭一遍就可以卸除妆容，而不需要用卸妆棉反复擦拭皮肤擦到皮肤发红刺痒，过分的摩擦极不利于护肤。日本学者葛西健一郎就认为过度的揉搓（刺激）正是黄褐斑的病因之一。

卸妆乳

弱效的卸妆产品包括卸妆乳、弱效卸妆液、卸妆凝露，卸妆力不如其他卸妆产品，但日常淡妆卸妆使用它们就够了，这里以卸妆乳为代表进行介绍。卸妆乳液质地轻薄，部分卸妆乳含有保湿成分，适合任何肤质，推荐日常使用。

使用方法：将卸妆乳涂抹于面部，轻柔打圈使化妆品充分溶解后用清水清理干净，注意卸妆乳的用量通常需要卸妆油的两倍才能较好地卸除妆容。如果皮肤连卸妆乳也不能耐受，使用卸妆乳也出现红斑、痒痛、刺激，又有不得已的原因需要化妆、卸妆，还有一个最温和的办法，就是用比日常护肤更多量的乳液卸妆再清洗，因为乳液的配方非常接近卸妆乳，里面的乳化剂、表面活性剂一样有卸妆的功效，而它更加柔和。

卸妆膏

卸妆膏，是一种膏状的卸妆产品，卸妆效果优于卸妆水，但比卸妆油略差。卸妆膏可以分为两种，一种是油膏类的卸妆膏，另一种是乳化体类的卸妆膏，性能和卸妆乳极相似但外观形态是卸妆膏，比卸妆油更容易清洗一些。卸妆膏卸妆能力也很强，适合中性和干性皮肤，可以用于蜜粉、持久型粉底液、持久型粉底霜的妆面卸除。不建议把卸妆膏当作按摩膏使用，因为卸妆膏对皮肤正常的油脂也有溶解作用，停留时间过长带走皮肤太多油脂不利于护肤。

平价卸妆膏为了降低造价大都选择矿物油基质搭配 peg-20（甘油三异硬脂酸酯，卸妆产品常用的乳化剂）之类的表面活性剂。矿物油是极易引起痤疮的成分之一，而植物油相对安全。原料纯度不高也是致敏、致痤疮原因之一，所以好用的卸妆膏大都价格较高。

使用方法：保持手、脸干燥，手指蘸取适量卸妆膏，分别点在脸上不同的地方，尤其妆面较浓的部位应适当增加用量。指腹轻轻揉开卸妆膏，感觉膏体颜色变化，在面部均匀分散开，彩妆溶解到膏体里之后，再使用洗面奶洗净脸部。

● 卸眼妆和唇妆的产品

眼、唇部皮肤比较薄嫩，眼周通常是面部最早出现衰老征象的部位，局部使用的化妆品复杂并且不能过分的搓揉，所以需要专用的卸妆产品。如果化了眼妆、唇妆，特别是用了防水眼线笔或防水睫毛膏或超持久的唇釉，更需要单独用眼唇卸妆液。通常还是建议以柔和为原则，辣眼睛的不能选。使用前，一定先把隐形眼镜取出，避免卸妆成分污染眼镜。常选择双层卸妆液，水油分离可以分别溶解不同的彩妆，所以卸妆力强大，不需要过分的搓揉，花数秒湿敷即可将妆容充分溶解。这类卸妆产品使用前摇匀，即时乳化，静置后瞬间分层。也因为卸妆力太强不建议全脸使用，面部还是建议根据肤质选择适合的卸妆产品。

使用方法：用沾满眼唇卸妆液的化妆棉盖在眼部、唇部，待其与彩妆充分结合数秒后，再轻柔地拭去。卸眼妆时将化妆棉放在睫毛下方，用棉棒描绘眼线的动作，横向轻柔擦拭，轻轻卸除。卸唇妆时注意顺着唇纹竖向轻柔擦拭，横向更容易擦破嘴唇。

● 防晒霜和隔离霜的卸除

由于我们每天都需要涂抹防晒霜或者隔离霜，睡前的卸除方式就显得尤其重要。其实有很多皮肤科医生和其他业内人士做过实验，洗面奶已经足够对付绝大部分防晒霜了。如果你担心这样做洗不干净，可以在洗面奶之前用婴儿按摩油，或者大坨用着不心痛的面霜、乳液在脸上轻柔按摩，以油溶油，之后再用洗面奶和大量清水冲洗干净。有小仙女要问，如果防晒霜中的粉剂残留会不会刺激皮肤啊？其实我们仔细研究过很多的护肤品，包括眼霜、精华类、乳霜类，发现很多都含有二氧化钛、硅石、云母、氧化铁等粉剂成分，用于改善肤感、外观或其他目的，并且这些成分的适当使用是法规允许的、安全的，所以即便有轻微的粉剂残留也没有想象的那么可怕。大部分这类产品仅停留在皮肤表面，不会大量经皮肤吸收或者对人体有害。

以上，根据卸妆的各种产品特性和各位美眉的化妆护肤习惯，您学会选择适合您的卸妆产品和方法了吗?

第三章

日常护肤，从头美到脚

不同肤质如何选护肤品？

雷秋花

在生活和工作中，雷医生经常听到女孩子们的抱怨：要买多少产品才算完整护肤的流程？我现在的护肤品究竟适不适合我？某明星推荐的产品真的那么神奇吗，我要不要换一个品牌用用？她们一边刷着某红书，一边焦虑着，恨不能把所有大牌、明星产品统统搬回家！

很多人在选择护肤品时特别容易盲从、随大流，最后很可能买一堆功效重复的产品回来，因为缺乏全面的考量，使自己护肤品的体系要么矫枉过正，要么有明显的漏洞，甚至导致各种肌肤问题的发生。为了避免踩雷，雷医生今天就通过回答前述三个问题来为大家科普护肤的知识。

● 皮肤健康美丽金字塔

相信大部分人都知道合理膳食的食物金字塔（Food Pyramid），然而却很少有人知道皮肤健康美丽金字塔（The Skin Health and Beauty Pyramid，图 3-1）。科学护肤金字塔理论来源于 Julie

Kenner 博士于 2014 年在 JDD（Journal of Drugs in Dermatology）发表的论文，他提出了一个临床为基础选择护肤产品的指南。

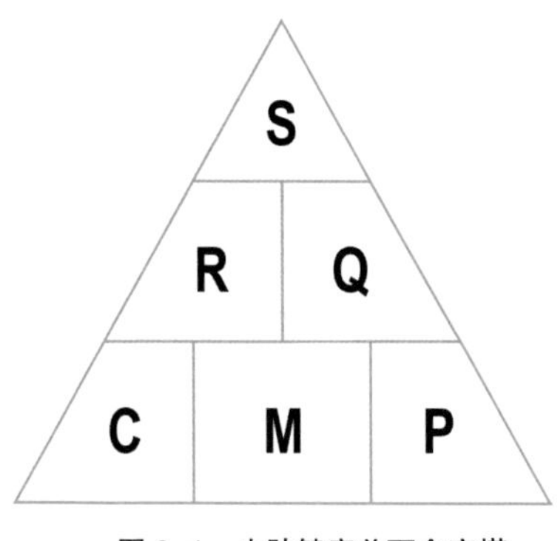

图 3-1 皮肤健康美丽金字塔

在金字塔的底部是“C、M、P”，它是护肤的基础（foundation）。“C”即 clean，清洁，包括每日卸妆或者清洁；“M”即 moisture，保湿，在清洁之后使用多种成分来维持皮肤表面环境稳定和滋润；“P”即 protection，防护 / 防晒，每天根据自己情况选择适当的防护策略，例如，防晒霜或物理遮蔽，减少紫外线对皮肤的伤害。

这三项就是我们常说的护肤基本原则——“清洁、保湿、防晒”（表 3-1）。所以，如果你是 25 岁以下年轻肌肤，做好基础的护肤就够了，没必要浪费钱买那么贵的精华。

表 3–1　基础护肤知识

清洁	选择适合你皮肤类型的洁面产品 一天洗脸不超过 2 次，即使你是油性皮肤 如果洁面后你的皮肤感觉干燥、紧绷，那说明现在的洁面产品不适合你，请更换温和洁面产品
保湿	根据你的皮肤类型，给皮肤补充水分 / 油脂 痘痘、油性、混合性皮肤适合补充水分为主的乳液 干性及初老肌肤需要同时补充水分及油脂的保湿剂
防晒	紫外线会引起光老化 防晒可以预防皱纹及色素沉着 选择能覆盖 UVA 及 UVB 的光谱防晒霜

金字塔的中层是“R、Q”。“R”即 repair，修护，使用类细胞间质成分，或者生化类修复成分强化皮肤屏障，改善皮肤质量；“Q”即 quench，中和，使用抗氧化成分来中和环境因素（紫外线、污染）给皮肤带来的过氧化压力，中和过度产生的自由基和炎症因子。

随着年龄增长、日晒、环境污染，以及不良生活习惯等因素，皮肤开始出现衰老，如果你是 25 岁以上的初老肌肤，建议护肤程序中可以加上抗氧化剂或其他功效性精华。

金字塔顶层是“S”，即 stimulate，激活再生的意思。有一些特殊的成分能够起到细胞间沟通的作用，从细胞层面更新分化，促进细胞和细胞外基质的再生。这些特殊成分，也就是处于护肤金字塔顶层的成分为：生长因子、胜肽及皮肤组织成分（胶原蛋白、玻尿酸、弹力蛋白）。

生长因子　会释放出信号，激活细胞，促进其再生长。研究显示，生长因子可以促进胶原蛋白增生，表皮细胞再生长，对于皮肤损伤尤其是外伤具有很好的效果。

胜肽 取自蛋白质的一部分，理论上它具有修复受损皮肤组织、促进胶原蛋白增生的作用，但是目前还没有足够的数据来显示胜肽的有效性。另外含有胜肽的护肤品大部分都价格不菲，所以不推荐含有胜肽的护肤品作为必要使用的护肤成分。

皮肤组织成分 是真皮层的三大重要组成成分，重要程度不言而喻，但是外用的胶原蛋白、玻尿酸由于分子太大，无法渗透吸收，只能做到最基础的保湿，无法做到真皮层的抗衰老。

● 你是什么皮肤类型？

有了全局的护肤品构架思路，大家手里的护肤品究竟适不适合呢？在回答这个问题之前，你应该先了解自己的皮肤类型及护肤诉求。在以往的皮肤科教材中，皮肤的分型往往根据油脂分泌状况来简单分类：干性、油性、中性、混合性。然而事实上，这种简单的分类并不能覆盖所有的皮肤类型，也不能全面反映皮肤的状况。

2006 年美国皮肤科教授 Dr.Leslie Baumann，出版了一本畅销书 *the skin type solution*，她通过 4 个维度：干性 / 油性、敏感性 / 耐受性、色素 / 非色素型、皱纹 / 紧致，提出了一套新的皮肤分型系统，受到广大皮肤科医生的认可，并在医疗美容界得到广泛运用。

Baumann 皮肤分型根据以下四组子类型，组合成 16 种不同皮肤类型（表 3-2）。

1. Oily（油性）vs Dry（干性）

2. Sensitive（敏感型）vs Resistant（耐受型）

3. Pigmented（色素型）vs Non-pigmented（非色素型）

4. Wrinkle（皱纹型）vs Tight（紧致型）

表 3-2 Baumann 皮肤分型

皮肤分型	油性（O）		干性（D）		皮肤分型
	色素型（P）	非色素型（N）	色素型（P）	非色素型（N）	
皱纹型（W）	OSPW	OSNW	DSPW	DSNW	敏感型（S）
紧致型（T）	OSPT	OSNT	DSPT	DSNT	敏感型（S）
皱纹型（W）	ORPW	ORNW	DRPW	DRNW	耐受型（R）
紧致型（T）	ORPT	ORNT	DRPT	DRNT	耐受型（R）

以我为例，我属于干性、耐受型、色素型、紧致型肌肤，即 DRPT 型皮肤，考虑到我已经超过 30 岁，在维持皮肤健康的情况下，抗衰、对抗色素是我主要护肤诉求。大家有兴趣也可以对照表格看看自己究竟是哪一型皮肤。

当然，Baumann 皮肤分型对于大多数人来说还是太复杂，实用性不强。其实，在实际工作中，我们可以将 Baumann 皮肤分型简单归纳为五大常见的皮肤类型或护肤诉求。

干性皮肤 毛孔细小，皮肤干燥紧绷，容易脱屑，细纹比较明显，这些症状都是“干皮”的“形象代言人”。保湿，改善干燥的外观、功能和感受是这类人群的护肤诉求。

油性皮肤 毛孔粗大、油脂分泌旺盛、油光满面容易长痘是油性肌肤的写照。去除多余的油脂、收缩毛孔是这类皮肤的护肤诉求。

敏感皮肤 角质层薄、经常出现不耐受状态、易发红、可伴有炎症性皮肤病是这类皮肤的主要表现。减少面部发红、稳定皮肤状态就是这类皮肤的护肤诉求。

色素性皮肤 面部有色斑或有色素沉着倾向是这类皮肤的特点，比如，痘痘愈合后遗留长时间褐色痘印，外伤后容易留下痕迹等。美白和淡化色斑是这类人群的护肤诉求。

皱纹老化皮肤 老化皮肤最主要呈现两类皱纹：静态纹和动态纹。抗衰和减少皱纹是这类皮肤的护肤诉求。

● 不同肤质如何选择护肤品？

相信看到这里，大家对自己的皮肤类型及护肤诉求有了更清晰的认识，接下来我们再来看看不同肤质究竟应该怎么选择护肤品。

干性皮肤

清洁 建议选择氨基酸类或葡糖苷类作为洁面成分的洗面奶。

保湿 选择有效的保湿剂，是干性皮肤护肤关键。护肤品的保湿功能主要通过下列成分来实现的：封闭剂、吸湿剂、角质层调节剂（表 3-3），优质的保湿剂应该包含每个亚类的成分，通过不同互补机制来改善皮肤屏障功能，建议选择复合型配方的保湿产品。

表 3-3　护肤品的保湿成分

封闭性保湿剂成分	吸湿剂成分	角质层调节剂成分
矿脂	甘油	神经酰胺
矿物油	透明质酸	胆固醇
羊毛脂	维生素 B_5	尿素
液体石蜡	PCA 钠	乳酸
二甲基硅氧烷		
巴西棕榈蜡		

防晒　选择能覆盖 UVA 及 UVB 波段的广谱防晒霜，品牌没有推荐啊，适合自己就好。

油性皮肤

清洁　可以选择皂基类泡沫洗面奶，建议选择富含水杨酸的洁面泡沫。

保湿　油性皮肤也需要保湿，建议选择含有控油成分的保湿产品，比如，含有烟酰胺 / 类视黄醇的润肤剂，同时可以使用含有高分子吸附珠的吸油乳膏或面部吸油粉来吸收多余油脂，减少面部油光。

防晒　建议选择广谱防晒霜，日常建议选择 SPF30，PA+++ 的防晒霜。

敏感皮肤

清洁　不建议使用皂基类洗面奶，建议选择氨基酸类或葡糖苷类温和洁面产品。

保湿 推荐使用面霜而非乳液，建议选择具有抗炎效果及屏障修复作用的保湿剂，保湿产品中添加一些具有抗炎褪红的活性成分（表3-4），可以发挥缓解面部发红及保湿修复的作用。避免使用含有丙二醇、羟基乙酸、水杨酸及强烈香料成分的产品。

表 3-4 具有抗炎褪红作用的活性成分

缓解面部发红的活性成分	对皮肤生理的影响
红没药醇	来自洋甘菊提取物，天然抗炎剂
尿囊素	由尿酸合成制造，经常用于敏感皮肤配方中
维生素 B_5	屏障增强保湿剂，保湿
芦荟	内含水杨酸胆碱，具有局部抗炎作用
绿茶多酚	具有抗炎功效

防晒 化学防晒剂通过吸收紫外线辐射并将其转化为热能，这可能会引起面部潮红和血管扩张，物理防晒剂通过反射紫外线辐射，因此没有感觉方面的刺激，建议选择以氧化锌或二氧化碳为主的物理防晒霜。

色素性皮肤

色素性皮肤可以根据自身皮肤的干性或油性，按照前述干性 / 油性皮肤的护肤方案来选择清洁、保湿产品，这里便不再赘述。色素性皮肤的护肤诉求是美白和淡化色斑，因此我们来重点分析选择哪些活性成分可以发挥美白效果（表 3-5）。需要补充一句：所有护肤产品只能改善表皮色素沉着，如果你有颧部褐青色痣、获得性太田痣或遗传性色斑（如雀斑），建议选择激光光电治疗。

表 3–5　具有美白功效的活性成分

有美白功效的活性成分	对皮肤生理的影响
氢醌	酪氨酸酶抑制剂，美白作用强，强刺激性
曲酸	酪氨酸酶抑制剂，轻刺激性
烟酰胺	抑制黑色素转运，无刺激，美白效果弱
壬二酸	轻度刺激性，有效美白
维生素 C	抑制酪氨酸酶活性，美白效果一般
甘草黄酮	酪氨酸酶抑制剂，无细胞毒性，无刺激性
熊果苷	作用弱，需要和其他美白剂联合使用

防晒　虽然前面介绍了很多具有美白功效的成分，但是温馨提示一下，美白最重要的是防晒，建议日常选择 SPF30 以上，PA+++ 的防晒霜。

皱纹老化皮肤

随着年龄的增长（通常 25 岁以后），每个人皮肤表面都会开始出现细纹、动态皱纹，甚至静态皱纹，老化性皮肤的护肤重点是保湿和恢复皮肤中流失的胶原蛋白。因此，老化性皮肤除了基础护肤之外，建议选择添加抗皱、抗氧化的精华，这类活性成分主要分为三大类：植物性抗氧化剂、维生素类抗氧化及细胞调节因子（表 3–6），具有一定抗氧化及促进皮肤胶原新生的功效。

表 3-6 具有抗衰老活性成分

植物性抗氧化剂	维生素类抗氧化剂	细胞调节剂
绿茶提取物	维生素 C	成纤维细胞生产因子
鞣花酸	维生素 E	信号肽（五肽）
大豆提取物	烟酰胺	神经递质肽（六肽）
叶黄素与番茄红素	硫辛酸	
水飞蓟素	类视黄醇	
姜黄素		

防晒 人类皮肤的衰老 80% 来源于光老化，因此，无论使用含有哪个成分的抗老精华，防晒始终是应该放在第一位！

希望看完这篇文章，大家选护肤品时不再盲目选大牌，而是根据自己的护肤诉求，选择最适合自己的。最后雷医生再说一句，虽然现在功效性护肤品越来越多，但请不要迷信护肤品，很多皮肤问题是需要医疗手段才能解决的，所以激光光电可能是功效性护肤品的最好替代。

皮肤科医生的护肤课

科学挑选护肤品，首先，要有全局观念，基础护肤最重要。其次，要清楚自己的皮肤类型及护肤诉求，根据自己的皮肤问题选择合适的功效性产品，分型护肤，才能为美丽加分。

传说中的“搓泥”，到底是什么？

陈奇权

很多人在日常的护肤中可能都遇到过“搓泥”的情况，就是当涂抹某个护肤产品的时候，适当用力揉搓的话，会搓出一些泥状的物质。一般来说，不管是水、凝胶、乳、霜等化妆品质地，本身并不是成泥状的，那搓下来的“泥”到底是什么呢？

● “泥”的真相

松解脱落的角质

面部皮肤在健康的情况下，角质层都是紧密黏附的。但是在一些特殊情况下，比如，冬天皮肤干燥、皮肤的炎症刺激、皮肤炎症后修复的过程中，口服或者外用一些角质松解的药物（如维 A 酸类、水杨酸、果酸）等，角质层会变得相对松解，容易脱落。这个情况下，如果在面部清洁或者涂抹护肤品的时候，稍微用力揉搓就可以将松解的角质揉搓下来，和护肤品的基质混合就形成了泥状的物质。

皮脂及皮肤表面的附着物等

面部是人体皮肤皮脂腺分布最为密集的区域之一，其皮脂分泌的量相较于身体其他部位明显增多，尤其是本身为遗传油性皮肤的话，面部每天会有大量的皮脂分泌附着在角质层表面。皮脂虽然一定程度上发挥对皮肤的保湿保护作用，但同时也会让环境中的粉尘颗粒等物质更容易黏附到皮肤表面。皮脂和环境来源的这些粉尘颗粒混合黏附在一起，同样也是泥状物质的主要来源。

护肤品成分间发生反应形成沉淀物

很多人都有这样一种感受，单独用某种护肤品的时候没有什么问题，但是在叠加使用两种或者多种护肤品的时候就会出现“搓泥”现象。也有些情况是涂抹了某种护肤品没有问题，但用洗面奶去清洗的时候就出现明显的“搓泥”。这些“搓泥”现象的发生都是由于不同护肤品所含的某些成分之间发生化学反应形成了沉淀物所致。如精华、凝胶状的面霜常会添加一些增稠剂（卡波姆）以锁住产品中的水分，让皮肤表面形成膜感，但如果再搭配用含柔顺剂（阳离子表面活性剂，pH > 4）的保湿霜或者洗面奶的话，就会形成絮凝沉淀物，一旦搓揉就很容易形成“搓泥”现象。彩妆产品中普遍添加的固体颗粒物质就更多了，所以平时化妆的话，皮肤上就更容易出现“搓泥”现象了。还有玻尿酸或者胶原蛋白等与防晒霜或粉底液一起使用也会因为化妆品中的物质相互发生化学反应而产生“搓泥”现象。

护肤品本身含有的固体颗粒物质

我们都知道，防晒霜中广泛使用的物理防晒剂里面的二氧化钛、氧化锌、硅石等就是固体颗粒物质，虽然目前的工艺技术在尽可能地将这些固体颗粒制造得更为细微一些，让上脸的肤感尽可能地感受不到颗粒的存在。但是这些颗粒物质如果和保湿霜中的增稠剂混合的话，就可能发生聚集，从而出现搓泥的现象。另外还有一些护肤品中为了调节肤感，会添加二氧化硅（如石英）、云母、氢氧化铝等成分，这些同样是固体颗粒物质。使用含有这些颗粒物质的化妆品或与含有某些增稠剂的化妆品一起使用之后，在涂抹的过程中脸上就会出现“搓泥”现象。

护肤品中一些大分子的物质

很多护肤品中会为达到某些功效而添加一些并不能渗入皮肤的大分子物质（如胶原蛋白、透明质酸等）、分子量比较大的增稠剂（如丙烯酸钠、丙烯酰二甲基牛磺酸钠共聚物、异十六烷、聚山梨醇酯 -80、卡波姆、聚丙烯酸酯 -13，聚异丁烯、聚山梨醇酯 -20）、硅油类成分（如聚二甲基硅氧烷交联聚合物），这些大分子物质如果在护肤品中添加的量偏大，再加上皮肤本身比较干燥，则大分子物质不能吸收足够的水分，就会在皮肤表面形成一层可触及的膜，揉搓的话就会有“搓泥”现象。

● 避免搓泥的办法

不急　等前一个护肤品完全吸收后再进行下一个护肤步骤，这样避免成分之间的“打架”。

搓热双手 低温状态下，护肤品中用于溶剂的成分很容易出现“凝结”的状态，如果借助双手的温度，不仅可以促进它们的融合，避免“搓泥”的发生，还可以促进保养品最大限度地被肌肤吸收。

保持皮肤水润 在涂面霜之前给皮肤补足水分，或者给皮肤加一些美容油类滋润皮肤，可增加化妆品成分的吸收，减少“搓泥”现象。

皮肤科医生的护肤课

避免“加强功效”！不要把护肤产品随便混合使用，如把精华液揉进面霜里、乳液掺进粉底液中等，这样“加强功效”的组合很容易因成分的不兼容而出现“搓泥”现象。

皮肤在不同季节的护肤需求

范宇焜

年复一年，我们经历着四季的更迭，时令的变迁，我们的传统文化中总结出许许多多关于人与时节互动的经验和准则，因为只有尊重大自然的变化规律，我们的身体机能才能最大可能地保持稳态。然而对于皮肤护理与季节的关系，又需要如何去合理地对待呢？

● 春季

风和日丽，大地回春，万物在淅淅沥沥的春雨中萌发。在桃花、樱花竞相开放的时候，空气中也飘荡着一种“暧昧”的味道。如果此时您也“面带桃花”、喷嚏不停、流泪不止，就要注意是不是出现了花粉过敏的症状。这些悬浮在空气中的“小情愫”，黏附在我们的皮肤和黏膜上，可能会引发免疫系统的应答反应，从而引起过敏现象。因此，在春季时，我们尽量选择质地轻薄一些的保湿产品，并且简化护肤步骤。避免化过于厚重的彩妆及涂抹黏腻的保湿霜，并且在户外活动结束后及时清洗面部。这样的话，一些致敏原不容易黏附在我们的面部，从根源上防止它们在我们的皮肤上“兴风作浪”。

入春以后，和煦的阳光开始普照大地，伴随而来的也有紫外线强度明显增强，一部分小伙伴在外出踏春之后，在曝光部位出现红疹子，并且奇痒无比。如果出现这些表现，需要警惕多形性日光疹、青少年春季疹等光变态性皮肤疾病。因此，大家在拥抱自然的同时，也需要进行自身保护，比如，采用硬防晒（戴宽檐帽、戴口罩、打伞）及涂抹防晒乳液。

● 夏季

草长莺飞，艳阳高照，预示着一年当中最难熬的夏天就要到来。原来网络上盛传着一则在中国生活的黑人朋友“想回非洲避暑”的梗，虽然有一些夸张的成分，但是对我国大部分地区夏季气候特点：闷热、潮湿、紫外线照射较强可见一斑，炎热指数甚至不亚于热带地区。然而夏季也是我们开展各项户外运动较为密集的时间段，因此，这个时候护肤中最重要的便是防晒了。但是一说到防晒这个话题，感觉一言难尽，我就简明扼要总结出来以下几个原则。

什么时候需要防晒？

户外活动时，尤其是在有阳光直射的天气时，肯定是要防晒的。那么阴天是否也需要防晒呢？答案是需要。因为夏季的阴天，紫外线照射强度可达到晴天的 70%。那么，室内需不需要防晒呢？如果室内有紫外线光源的情况下，比如，靠窗、接触较强紫外灯光源、强荧光灯、驱蚊灯及霓虹灯光，就需要防晒。

选择合适的防晒方式

包括规避性防晒、遮挡性防晒、使用防晒化妆品及使用系统性光保护剂。

正确使用防晒化妆品

根据紫外线辐射强度使用合适的 SPF、PA 值化妆品。使用足够的量（1 元硬币大小产品涂敷于全面部）、定时补充涂抹防晒剂（每 2 ~ 3 小时），以及施用范围兼顾所有曝光的部位。除了防晒之外，夏天皮肤新陈代谢旺盛，皮脂腺分泌油脂明显增多，对于一些“痘皮油肌”的朋友们更是伤神。因此，夏季可以适当使用一些去污能力较强的弱碱性洁面产品对皮肤进行清洁，但是使用频率也不能过高，每天使用 1 次即可，以免造成油脂过度丧失而反干。对于一些干性皮肤的朋友们来说，夏季需要适当进行保湿，特别是在户外接受阳光照射之后，可以选择一些质地较为轻薄的保湿产品，比如，水、凝胶、乳液等。

● 秋季

秋高气爽，云淡风轻，聒噪的炎热逐渐褪去，满眼都是萧萧而下的落木。在这么充满诗意的时节里，当你撩起裤腿，发现“死皮”也簌簌而下，是否有些煞风景？入秋之后，空气中的湿度逐渐下降，表皮中的水分也被干燥的空气带走，入不敷出，皮肤的质地变得毛毛糙糙、疙疙瘩瘩，甚至出现让人十分闹心的湿疹和瘙痒。这个时候最重要、最基础的护肤便是保湿了。然而谈到保湿，又不只是像浇花似的“洒洒水啦”那么简单。总的来说，保湿包括补充、避免流失、促进屏障修复三个环节构成。

补充 主要是指使用局部补水、保湿功效的护肤品。说到这里许多朋友可能会马上胸有成竹地说，我每天都在不停地敷面膜呀，保湿喷雾基本不离手，而且每天都保证喝两大瓶水。然而遗憾地告诉你，这些方法对于皮肤的有效保湿是无济于事的。面膜、喷雾可以短时间迅速增加表皮的水合程度，但是使用过后水分迅速挥发，保湿持久性很弱。而多喝水的话更是无稽之谈。这个时候，我们应当始终配合润肤乳或润肤霜来进行保湿，因为这些产品中除了水，还含有起到吸水、滋润、锁水及修复皮肤屏障的各种成分，保湿持续性是水喷雾或使用面膜的 4 ~ 6 倍。

避免流失 主要是指要适度清洁。市面上很多洁面产品可以揉搓出丰富的泡沫，洗了脸之后皮肤油腻感瞬间消失，很受爱干净人士的青睐。但是殊不知这样的洁面方法可能会导致皮肤油脂的过度丢失，引起皮肤屏障受损。因此，在秋季时可以选用一些弱酸性或中性的温和型洁面产品，使用后可以在面部形成一层锁水膜，在清洁的同时实现了保湿。使用频率也最好不要高于每天一次。对于敏感性皮肤的朋友，只使用清水进行洁面，其实是不错的选择。

促进屏障修复 除了使用含有神经酰胺、胆固醇等具有天然修复作用成分的保湿产品以外，注意时刻关注面部是否有炎症性皮肤疾病，如果不时出现潮红、红血丝、爆痘等情况，需要及时到医院诊治。平时户外活动时也需要注意防晒，避免受到极端的冷暖刺激，为皮肤正常的生理机能运作提供一个良好的条件。

● 冬季

寒风瑟瑟，天凝地闭，在肃杀的冬季，许多小伙伴的皮肤就如同一片干涸的土地一样出现了开裂，特别是在户外被冷风吹了一阵子之后，或者洗完脸之后面部紧绷感明显，就像戴上了一层面具。在室内打开暖气之后，身子倒是舒坦了，但是脸上干得起壳，比秋天还要难受，特别是本来就存在敏感性皮肤的朋友。怎么破呢?

不用我多说，还是请出我们喜欢唠叨的老朋友保湿。但是这个时候需要加大保湿的力度。对于皮肤比较干，尤其是存在皮肤屏障受损的小伙伴，可以采取精华+乳/霜的组合。精华主要成分也是保湿剂，有的可以起到深层保湿的作用，有的也可以停留在皮肤表层起到锁水的作用。当然，如果您选择的保湿乳/霜足够强大，也可以不使用精华。作为保湿的主角，乳/霜的封闭作用突出，可以延长保湿的持久性。

冬季可以选择一些含有较强封闭性成分的产品，包括：含有液体石蜡、凡士林、地蜡等的矿物油；棕榈酸、棕榈醇、硬脂酸、硬脂醇、鲸蜡醇等高级脂肪酸；含牛油、马油、猪油（对，我是认真的）、羊毛脂、乳木果油等的动、植物油脂。涂抹保湿霜的频率可以根据自己皮肤的情况适当增减，一般来说每 4 ~ 6 小时补充涂抹一次。另外，一些北方的朋友在享受暖气的同时可以使用加湿器改善室内空气干燥的情况。户外活动时可以戴上口罩、面罩进行保护，防止局部皮肤经受过低温刺激后导致水分流失。

总的来说，不管我们是在哪一个季节，合理的护肤不外乎做好保湿、防晒、清洁、防护这四个方面，您的娇美容颜也可以轻松地度过流年。

抗衰，从减法护肤开始

雷秋花

“最是人间留不住，朱颜辞镜花辞树”，自古以来，衰老（aging）都是让人恐惧和哀伤的，所以才会有古代皇帝大动干戈地苦练不老仙丹，以及现代女性不遗余力地涂涂抹抹。然而，我们不得不承认一个事实：衰老，是任何人都无法逃脱的自然过程。

长生不老，永葆年轻，是人类永恒的追求，抗衰，就成了永恒的话题。其中，面部衰老最容易引起明显的社会心理影响，因此，面部抗衰往往是人们关注的重点。当我们在说“面部抗衰”的时候，我想，我们首先应该认识面部衰老是什么。

● 什么是面部衰老？

首先，我们来看看我们面部的解剖结构（图 3-2），人的脸从外向内的结构分别为：

——皮肤；

——皮下组织层；

——面部表浅肌筋膜系统；

——支持韧带和间隙；

——骨膜和深筋膜。

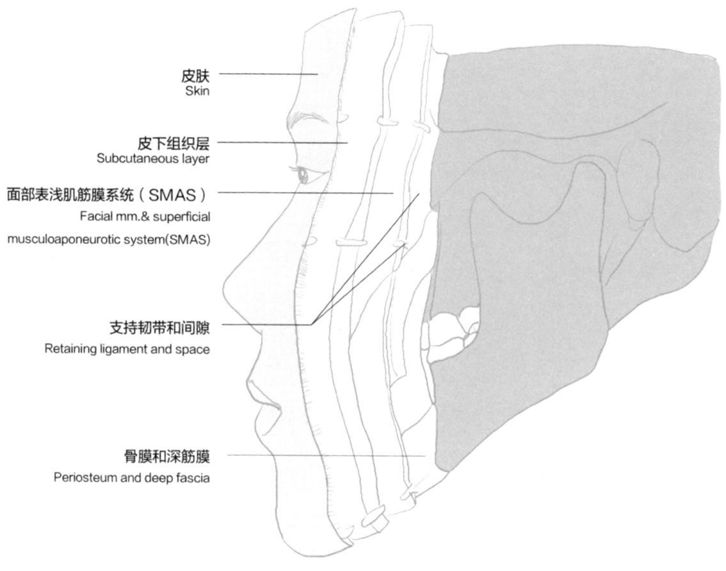

图 3-2　面部的解剖结构

面部的各层结构是紧密连接在一起的。如果我们把面部各层解剖结构，比喻成一棵树的模型，骨骼犹如土壤，构成了我们的骨相轮廓；支持韧带和筋膜犹如树干和树枝，为我们皮肤提供很好的支撑，防止皮肤松弛下垂；而皮肤，犹如树叶，构成了树的美丽外观，如图 3-3 所示。

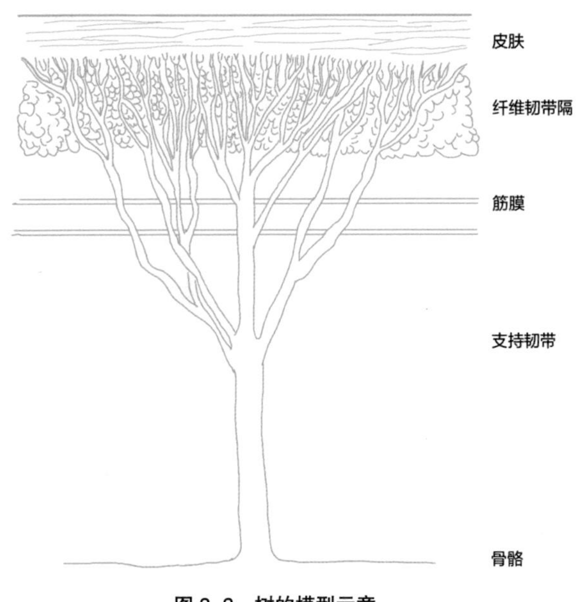

图 3-3　树的模型示意

研究发现，当人类进入 25 ~ 26 岁时，面部衰老就开始发生了。当衰老发生时，最外层皮肤会发生老化，皮下脂肪会下垂移位，韧带会松弛，连骨质都会吸收！雷医生之所以要列出面部各层次的解剖结构图，其实就是想告诉大家：面部衰老只是表象，衰老其实是面部每一层解剖结构共同发生变化的结果！

因为面部各层结构的变化，就形成了我们肉眼可见的面部衰老的外观：皮肤暗黄、粗糙，出现色斑和皱纹，面部松弛、下垂和凹陷（图 3-4）。

图 3-4　皮肤结构变化的对比

● 皮肤衰老的原因

皮肤是面部的外衣，在面部衰老中首当其冲，也是最显而易见的。我们常说的抗衰，其实大部分说的是对抗皮肤衰老。接下来我们来看看，哪些因素与皮肤衰老有关。皮肤衰老的原因主要分为两大类：内源性衰老、外源性衰老。

内源性衰老

内源性衰老是随着时间发生的自然衰老，内源性衰老和遗传基因、内分泌水平相关。研究表明，人的寿命与 DNA 的端粒长度有关，细胞每一次分裂，端粒的长度就会缩短。即使相对静止的皮肤成纤维细胞中，超过 30% 的端粒长度会在成人期丢失。此外，皮肤老化受生长因子变化和激素水平的影响，尤其是性激素水平。内源性衰老是人类难以改变的因素，未来或许激素替代疗法会为人类带来福音。

外源性衰老

外源性衰老与紫外线照射、环境污染、严重的生理和心理压力、酒精摄入、吸烟、营养不良或暴饮暴食等因素密切相关。

紫外线照射 在所有这些环境因素中，紫外线造成的光老化是占外源性皮肤老化的 80%！也就是说，光老化是皮肤老化最重要的原因。如果一个人长期坐在靠近窗户的位置，方向不变，那么，靠近窗户一侧的脸和另一侧脸就会出现不同的老化表现，如图 3-5 所示。

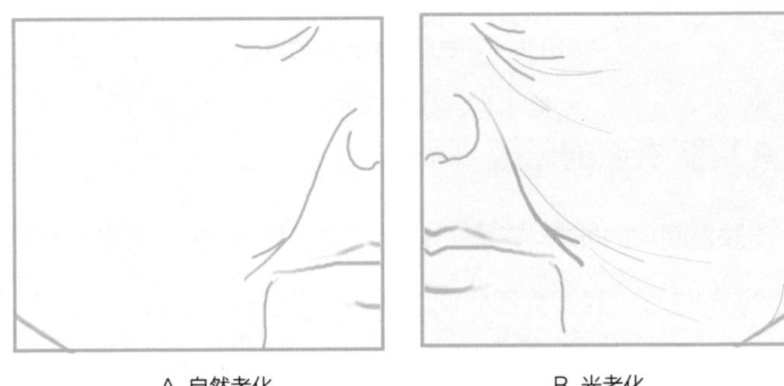

A 自然老化　　B 光老化

图 3-5　自然老化与光老化的区别

紫外线可以直接诱导皮肤细胞的 DNA 损伤，引起皮肤氧自由基 (ROS) 堆积，上调炎症因子的表达，引发级联的炎症反应和损伤。

环境污染 环境污染对皮肤的老化作用也不容忽视（图 3-6）。研究表明，环境污染可导致皮肤中氧自由基增加，自由基一方面使黑素细胞活性增加，合成更多的色素，引起色斑的发生。另一方面，自由基上调 MMP-1（基质金属蛋白酶 -1）的表达，可导致胶原分解和断裂，在皮肤上形成细纹和皱纹。

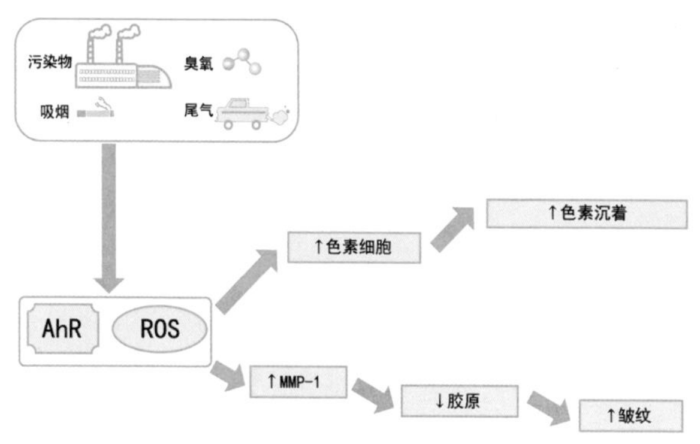

图 3-6　环境对皮肤的影响

不良生活习惯　熬夜、工作压力、吸烟、喝酒、节食或暴饮暴食，这些不良的生活习惯，都会导致皮肤中氧自由基的堆积，加速皮肤的衰老。

● 减法护肤

生活中，很多女性会买各种抗老、抗皱精华，或者价格不菲的贵妇面霜，期待可以发挥抗衰的效果。当你看完了前述皮肤衰老的原因，你会发现，抗衰最重要的是防晒！ LESS IS MORE, 护肤品不是越多越好，找对方向才最重要，越简单越美。

适当使用抗氧化精华

前面我们提到，皮肤的衰老主要由于氧自由基的堆积，引起真皮胶原的断裂和流失，因此，如果我们使用一些含有抗氧化及促进胶原新生作用成分的精华，是可以发挥一定的抗衰作用的。这类活性成分主要分为三大类：植物性抗氧化剂、维生素类抗氧化及细胞调节因子。当然，选择一两种精华就够了，并不是越多越好，毕竟护肤品功效有限。

一定要严格防晒

紫外线是皮肤衰老的第一元凶，日常坚持使用 SPF30 以上，PA+++ 的广谱防晒霜，抵御 UVA/UVB 给皮肤带来的侵害是抗衰的重点！防晒霜应该是你消耗最多的护肤品！

健康生活习惯

那些“用着最贵的眼霜、熬着最深的夜”的姑娘，建议可以醒醒了。合理膳食，充足睡眠，适当运动，才真正有助于身体的健康和皮肤的年轻。

最后，相信细心的读者会发现，我们只科普了皮肤衰老及抗衰的方法，那么，面部其他层次的抗衰呢？其实，浅层脂肪的下垂移位、SMAS 层的松弛、深层脂肪的萎缩及骨质的吸收都是不能通过外用护肤品来改善的，医美的手段（如热玛吉、超声刀）会有一定帮助，相关内容在本书其他章节会有介绍。

皮肤科医生的护肤课

面部衰老是“有层次的”，层层都在衰老，然而抗衰却万变不离其宗——防晒＋抗氧化！请不要寄希望于昂贵的抗老精华来逆转光老化，从现在开始做好精简护肤，面部深层次的衰老问题，适度使用医美手段，你的年轻美丽会一如往昔。

护肤不可或缺的一项——保湿

范宇焜

说到“保湿”一词，绝不流于一个俏皮的玄学广告宣传语，也不是女孩儿们专用的“做作”口头禅。在皮肤科医生的眼里，“保湿”更是一种重要的临床治疗环节及手段，并且也是对一部分特定患者的常用健康宣教。那么，下面我们就来看看，“保湿”在专业性的领域中又诠释出怎样的全新意义呢?

我们每一个人从出生开始，就要开始经受外界环境中的各种不友好因素，包括物理因素（冷、热、潮湿、干燥、日光照射）、化学因素（酸、碱、有毒物质、有害物质、致敏物质）、微生物因素（细菌、真菌、病毒、寄生虫）等，而皮肤，尤其是最外层的表皮层（epidermis）是起到抵御作用的第一道“屏障”。您想想看，薄薄数毫米的皮肤以下，我们的机体组织却是处于一种“风平浪静”的稳态，健康状态下这里不仅保持着无菌的环境，更是各种要素营造下的良好的细胞“孵育箱”。组织学上，我们的皮肤属于由复层鳞状上皮组织构成的器官，在显微镜下的形态类似我们长城的“砖墙结构”（bricks and mortar），如图 3-7 所示。“砖块”是我们的角质细胞，而黏合砖块的是细胞间桥、脂质等细胞外基质。其中，角质层的脂质主要成分包括游离脂肪酸、神经酰胺及胆固醇，它们形成了一层疏水性的生理屏障，隔绝皮肤两侧的水分及水溶性物质，并且使角质细胞之间形成正常的黏附，使皮肤质感变得更加顺滑。

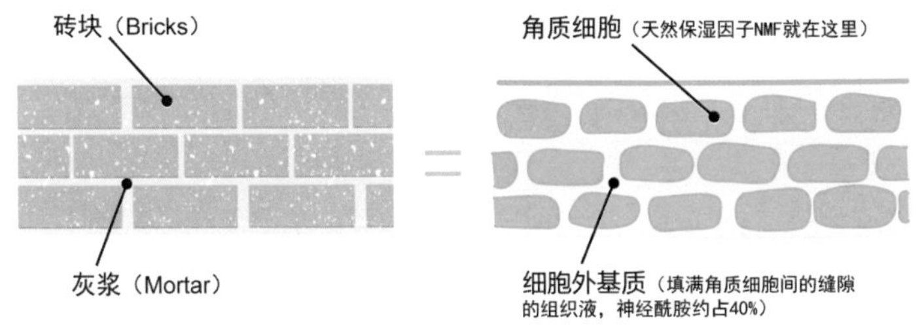

图 3-7　皮肤的“砖墙结构”

然而，当某些原因引起这些细胞外脂质物质减少，甚至缺失后，就造成了我们常说的“皮肤屏障受损”状态。这个时候，我们用专业检测设备可以发现皮肤的经表皮失水率（TEWL）升高、表面 pH 值升高、皮肤含水量（或称水合程度）下降，宏观上来看皮肤角质层粗糙，脱屑现象加重，外界的一些刺激性、致敏物质可以“大摇大摆”地长驱直入，作用于表皮内的神经末梢、免疫细胞等，引起不适的异常皮肤感觉（如涂抹一些药物、护肤品后，面部容易出现刺痛感、烧灼感、瘙痒等异常症状），并且可以激发炎症反应，导致毛细血管扩张，炎症的发生也会进一步破坏表皮的正常屏障结构，从而进入一种失衡的恶性循环中。因此，目前业内越来越多的医生也逐渐认同“敏感性皮肤综合征”这一新的概念。敏感性皮肤可以只存在上述的一些主观症状，而具备肉眼可见的皮肤异常改变，这种情形下可以理解为皮肤的“亚健康状态”，但是如果各种致病因素（如护肤不当、洁面过度、冷热刺激、风吹日晒、精神压力和不良情绪）进一步捣乱，敏感性皮肤便可演变为疾病状态，比如，最近成为“网红”的玫瑰痤疮。

另外，很多其他的皮肤疾病也与皮肤屏障受损、敏感性皮肤有关，比如，特应性皮炎、脂溢性皮炎、痤疮、口周皮炎、接触性皮炎等。临床上，医生为这些患者使用一些特殊的药物治疗是“救火”，而将“明火”扑灭后，为了进一步巩固治疗效果、防范疾病“再燃”，就要尽力维护好我们的“防火墙”，只有我们的这道屏障能够发挥它应有的保护作用，才能够使得我们的皮肤长期保持良好地运转状态。而这也是保湿、修复受损的皮肤屏障的终极要义。因此，保湿，也是维护皮肤健康中最基础、最重要的一步。

但是，做好正确的保湿也并非易事。首先需要选择适合自己皮肤状况的保湿产品，尤其是敏感性皮肤人群。良好的保湿产品一般具有以下特征：

——成分相对简单；

——避免致敏剂和刺激物，如羟基乙酸、乳酸、乙醇、丙二醇、香料、草药、精油等；

——使用后可增加修复屏障功能、提高角质层水合程度、降低TEWL，如含有神经酰胺、胆固醇及游离脂肪酸的生理性脂质或凡士林等矿物油的保湿产品；

——添加一些抗炎和神经调节的成分，例如，反 -4- 叔丁基环己醇和甘草查尔酮。

除了使用保湿产品，同时也要注意减少细胞外脂质的过度流失。则须合理清洁皮肤。皮肤自身每天都会不断地脱屑、产生生理性代谢产物，并且外界的微生物、污染物也同时参与到皮肤污垢的形成中。清洁皮肤是现代人必不可少的每日功课。但是如果清洁的方式和方法不当，同样也会对皮肤造成伤害。因此，做好皮肤清洁需要遵循以下几个原则。

适度清洁 日常生活中面部早晚各清洗一次即可，在不炎热的季节中身体沐浴频率每周 2 ～ 3 次，夏季出汗较多时可以适当增加次数。

合理使用皮肤清洁产品 目前市面上的清洁产品主要分为两类，即皂类和合成类清洁剂。皂类清洁剂去污能力强，容易造成脂质过度流失，并且使用后容易升高皮肤表面 pH，导致皮肤屏障受损。目前皮肤科医生更推荐使用较为温和的合成类清洁剂，特别是对于敏感性皮肤、干性皮肤的朋友，可以尽量选择中性或偏弱酸性的氨基酸类清洁剂或者少用清洁剂，并且避免使用发泡类的产品。

正确的清洁方法 选择合适的水温，一般在体温 ±3 摄氏度的范围内较为适合；沐浴时间不宜过长，控制在 10 分钟左右即可；避免使劲搓揉皮肤、过多使用带有磨砂效果的清洁产品，以免引起角质过度剥脱。

此外，具有敏感性皮肤及患有与皮肤屏障受损相关的皮肤疾病的朋友，也应避免进行一些可能导致皮肤干燥的美容性操作，比如，使用加热面罩、眼部冷却垫、冰敷、化学换肤、磨皮、精油按摩、热蜡脱毛等。

皮肤健康之路千万条，保湿第一条。不管您是处于皮肤的健康、亚健康状态，还是患有一些皮肤疾病，做好保湿都是维持皮肤健康及促进疾病恢复中最基础也是最重要的一步。

头皮问题，用对洗发水也得用药

尹志强　涂　洁

我们平时会煞费苦心地选择各种不同类型的洗发用品护理头发，洗发水、护发素、发膜等，却很少会关心我们的头皮。要知道头发生长自头皮，如果头皮不健康，又怎能生长出健康秀发呢？有的时候即使头皮出现了问题，我们也常常不知道该怎么解决，或者尝试了很多头皮护理方法但终究不得要领。其实可以发生在头皮上的问题，有很多很多种，但日常可以做到的头皮护理主要针对最常见的头皮问题，比如，头皮屑多、头皮太油、头皮痒和掉头发等。

如果头皮屑很多，但头皮还算正常，不红不痒又不油，这种情况叫“头皮糠疹”，青春期常见。这时候可以使用二硫化硒或不含激素的酮康唑洗剂洗头。如果头皮屑不是很多，不足以对我们造成困扰，那就选择常用的普通洗发水洗头就可以。洗头频率控制在每两三天一次即可，太频繁反而使得头皮干燥，头发容易干枯，适得其反。

如果发现头皮屑总是油腻腻的，而且头皮也油，还比较红，常常还伴有瘙痒，这就是另一种头皮问题——脂溢性皮炎。这时候可以通过用二硫化硒洗剂或者煤焦油洗剂洗头来解决。“脂溢性脱发”，也叫“雄激素性秃发”，往往合并有脂溢性皮炎，除了头皮出油多、头皮屑多、头皮痒之外，男性的脱发多表现为额顶部头发稀疏，女性多表现为头顶部头发少，跟遗传因素、体内雄激素偏高等有关。

有一种很容易会被误当成脂溢性皮炎的疾病叫作“头皮银屑病”，多发生在发际处，头皮鳞屑厚而大，严重时头发可呈束状，这时候的洗头剂仍然可以选择二硫化硒洗剂或者煤焦油洗剂。当然，银屑病的治疗还应在皮肤科医生指导下制订治疗方案。

如果掉头发的界限比较清晰，相应部位的头皮也伴有脱屑等表现，但是用了上面所说的几种洗头剂并没有用，这可能就又是另外一回事了，叫作“头癣”，也就是头皮上的真菌感染。这种情况要在医生指导下进行正规抗真菌治疗。

如果头发突然一块或几块的脱落，界限也清晰，但相应部位的头皮正常，不红也不痒，这叫“斑秃”，也就是我们俗称的“鬼剃头”。这时候用洗头剂洗头也是没有用的，但也无须太紧张，因为这些脱落部位的头发最后基本都能再长出来，而紧张的情绪反而会使头发掉的更多。怎么办呢？去医院接受药物治疗。

如果整个头皮的头发都在掉，特别是洗头发的时候，整个头皮的发量明显变少，这时一定要请医生帮助，找到真正的脱发原因，再进行对病因针对性的治疗。

当然，我们也不能只关注在头皮表面下功夫，平时还要注意健康饮食，保证充足的睡眠，最好不要熬夜。如果不能确定自己到底是哪一种头皮问题，一定要请医生帮助，在医生的指导下进行正确的头皮护理。

护理眼周，光涂眼霜还不够

尹志强　涂　洁

眼部皮肤是人体皮肤最柔细纤薄的部分之一，厚度仅约0.5 mm，且皮脂腺与汗腺分布少，所以眼周皮肤很容易衰老、松弛，平均25岁左右就开始逐渐产生小细纹、皱纹、鱼尾纹、眼袋、黑眼圈、浮肿等诸多问题。而且现今人们熬夜、佩戴隐形眼镜等导致眼部疲劳的生活习惯越来越普遍，这容易加重眼部皮肤问题或使得这些问题提早出现。因此，正确的眼部护理十分重要。

● 清洁

化了眼部彩妆在不需要保持妆容的情况下尽早卸妆，最好使用眼部专用卸妆产品，卸妆动作要格外轻柔，避免皮肤拉扯，卸妆时间也不宜过长，卸干净了就尽快清洗。避免使用具有剥脱作用、酒精含量比较高的爽肤水在眼周皮肤，以免造成损伤。

眼部护理品

常见的有眼霜、眼膜、眼部精华、精油等。我们大部分人使用最多的莫过于眼霜，眼霜最基本的功能是保湿，有的还兼有防晒、抗氧化、美白、屏障修复功能，现在还有很多厂家在推广一种据说是可以消除眼部皮肤水肿的排水类眼霜。眼膜可以提供眼部短暂的滋润与放松，精油可以配合眼部按摩来舒缓皮肤。并非所有类型的眼部护理产品都要用齐，一般来说，使用眼霜或精华＋眼霜就可以做到眼部保湿了。

下面我们着重讲一讲如何针对不同的眼部皮肤问题选择合适的眼霜。

细纹

具有保湿作用的眼霜可以提高皮肤含水量，从而改善细纹。但要想去除明显的皱纹，必须要注射肉毒毒素或选用激光治疗了，这时候通过眼霜解决问题的可能性不大。当然，如果是为了预防眼部细纹的产生，选择基础款保湿眼霜就可以。

眼袋

首先要明白，眼袋的形成原因有很多。如果是因为皮肤松弛导致眼袋看起来很明显，或者下眼睑部位的肌肉或脂肪比较多导致看起来似乎有比较大的“眼袋”，这两种情况使用眼霜都是没有用的。若有美观需求，前者可以去整形外科做手术将眼袋切除，后者也只能通过手术解决，但其手术风险较前者高得多，所以一定要权衡利弊再做决定。如果是因为前一天，特别是临睡前摄入较多的水分导致第二天早晨眼袋水肿明显，可以选择基础眼霜配合眼周按摩，或者选用正规品牌的排水性眼霜，将多余的水分转移出去，同时注意休息，不要在睡前喝太多水。如果每天早晨眼袋都特别重，前一天又没有喝太多水，一定要到医院检查一下是不是肾脏、心脏的问题，健康问题马虎不得。

黑眼圈

黑眼圈主要分两种：色素性黑眼圈和血管性黑眼圈。含有抗氧化成分或褪色素成分（如熊果苷、积雪苷等）的眼霜，可以用于局部黑色素异常引起的色素性黑眼圈，而且一定要严格防晒。另外，色素性黑眼圈还可以通过外用褪色素成分的药物或者激光、强脉冲光、无针水光的方式进行治疗。眼霜对于血管性黑眼圈没有太大意义。保持睡眠充足，戒烟戒酒，每天按摩眼部，促进眼部血液循环可改善血管性黑眼圈的症状。

另外，由于眼部皮肤极其娇弱，本身是敏感性皮肤或者本身就有眼部皮肤屏障受损的话，可以在涂眼霜前，先涂一层皮肤屏障修复类的护肤品形成一层保护膜，或者直接选择刺激性比较小的功效性护肤品类眼霜。

很多人怀疑长期用眼霜，特别是不那么清爽的眼霜，会导致眼周长出“脂肪粒”，其实不然。实际上，我们俗称的“脂肪粒”在医学上包括两种疾病：粟丘疹和汗管瘤，而人们通常说的眼霜引起的脂肪粒一般指的是前者。粟丘疹是眼部皮肤炎症后产生的黄白色小米粒大小的丘疹，而汗管瘤则是一种好发于女性眼睑部位的良性皮肤肿瘤，两者跟眼霜都没有任何关系，大家千万不要再冤枉眼霜了。

● 眼部防晒

紫外线是引起光皮肤老化的重要原因，眼睛和脆弱的眼部肌肤更容易受到紫外线的伤害。电影《南极绝恋》中的男主看不见东西，就是由于长期暴露在雪地反射的强大紫外线环境，导致了“雪盲症”，除了眼睛出问题，仔细观察也会发现他眼周皮肤也出现了斑斑点点。门诊接触的患者们，有很多为了防晒选择出门戴口罩，但眼睛和眼周皮肤的防晒却被忽略。眼部防晒，可以选择具有保湿兼防晒作用的眼霜，或者在保湿眼霜的基础上涂防晒霜。也可以戴帽子、戴一副可遮挡紫外线的墨镜等。墨镜既能保护眼睛视力，又能保护眼周皮肤，样子还很酷，何乐而不为?

面部护理，防晒是硬道理

尹志强　涂　洁

我们基本上每天都会进行面部护理，护理的关键在于保持皮肤屏障的完整性，一旦皮肤屏障破坏了，各种皮肤问题也就都来了。皮肤屏障中的重要组成部分包括皮脂膜和角质层的角蛋白。皮脂膜位于皮肤屏障的最外层，包括皮脂腺分泌的油脂和汗腺分泌的汗液，皮脂膜呈弱酸性。而角质层的角蛋白就是常说的“死皮”的主要成分。凡是破坏了这些对皮肤起保护作用的成分都会造成皮肤屏障的损伤，接下来要讲的每一个护肤步骤都应注意要保护皮肤屏障。

● 清洁

只要没有使用抗汗防水型的防晒、隔离或彩妆，是不需要卸妆的，洗面奶足以清洗彻底，建议洗面奶每天用一次。洗脸水太烫、使用淘米水、皂类等碱性清洁产品、过度清洗皮肤油脂、过度去角质都会破坏皮肤屏障，使水分丢失加快，特别是秋、冬干燥季节容易出现皮肤干痒、敏感，甚至出现红血丝。

相对于我们所说的干性皮肤，油脂分泌旺盛的油性皮肤的皮肤屏障反而是完整的，但这时外用去油脂的洁面产品次数也不宜过多，如果迫切想减少油脂分泌，可至正规医院皮肤科进行药物治疗。

● 严格防晒

防晒，更精确来说是防紫外线，很多朋友都会在夏天来临前开始注重防晒，但其实不管天气如何，一年 365 天，每天都有紫外线，只是强弱的问题，所以建议只要白天出门都要防晒。现在还提倡防霾，因为空气污染特别是污染物中的 PM2.5 会和紫外线产生协同作用，从而加重紫外线对皮肤的氧化伤害。另外还有人提出要防红外线、蓝光等。具体防晒措施有戴帽子、戴口罩、撑遮阳伞、涂防晒霜等。下面我们着重讲一下大家都很关心的防晒霜。

防晒霜有物理防晒和化学防晒之别。物理防晒霜可以反射和折射紫外线，使紫外线接触不到皮肤，不需要皮肤吸收，适合敏感性皮肤和小朋友使用。化学防晒霜则通过吸收紫外线从而减轻紫外线对皮肤的直接作用，须皮肤吸收后起作用。现在市面上大多是物理防晒和化学防晒结合的防晒霜。

紫外线分为长波紫外线（UVA）和短波紫外线（UVB），UVA 可以把我们的皮肤晒黑、晒老，UVB 则可以把我们的皮肤晒红、晒伤。针对两种波长的紫外线，防晒霜有两个参数：PA 代表防 UVA 的能力，SPF 代表防 UVB 的能力。一般来说，SPF10 可以抵挡冬天、阴雨天、室内的紫外线；SPF15 的防晒霜基本能满足日常工作、逛街所需；如果需要室外工作超过两小时，SPF 就要选择 15 以上的了；在紫外线超级强烈的地区或炎热的夏天，要选择 SPF30~50，甚至 SPF50 以上的防晒霜。面部防晒霜每次用量约一元硬币大小，少涂无效，多涂无益，而且每隔两小时要补涂一次，游泳防晒要每隔一小时补涂一次。另外，长痘痘的时候涂一些轻薄的防晒霜，既能防紫外线晒黑还能防止留下痘印。如果在涂防晒之前涂了隔离，可根据说明书决定是否还需要涂防晒霜。

● 保湿

保湿护肤品类型有很多：水、喷雾、精华、乳、霜、面膜等，我们所说的保湿乳液和保湿霜其实只是含水量不同的同一种半固体剂型。

如果一种保湿护肤品，比如，精华或者乳液或者保湿霜，就能使面部皮肤滋润不紧绷，就无须使用两种。如果只用一种保湿护肤品，不管是精华、乳液还是霜，都会觉得脸干，那可以再加一种，比如，精华搭配乳液或精华搭配保湿霜使用。如果这时候还是不够滋润，那么，可以在精华之前加用保湿水，甚至使用水 + 精华 + 乳 + 霜并配合保湿面膜。如果仍然干燥，建议请医生看一看是否有其他问题，因为如果本身皮肤屏障受损，比如，皮炎、湿疹、敏感肌、经常使用彩妆和卸妆水等情况下的皮肤屏障本身是受损的，这时候的保湿可能需要配合相应的药物治疗，在保湿产品的选择上也建议使用皮肤屏障修复类的保湿护肤品，因为这类保湿产品可能更能对症保护我们受损后干燥的皮肤。

● 美白

吃价格昂贵的“美白丸”不一定真的能变白，喝酱油也不会使皮肤变黑，认真做好了保湿和防晒，皮肤自然就会白皙。

如果是要祛斑，那么，一定要在医生指导下进行治疗，因为斑的种类众多，治疗上也大有不同，例如，外用含有醌、熊果苷或积雪苷等美白成分的外用药或护肤品可以减轻痘痘的色素沉着；口服氨甲环酸，或者使用强脉冲光、激光灯等方法可以治疗黄褐斑；一些正规的胶原蛋白面膜也可以起到淡斑的效果。

● 护肤品牌的选用

避免使用杂牌护肤品，大品牌护肤品相对安全一些。正规品牌的功效性护肤品有的具有保湿、修复皮肤屏障功能，有的具有抗氧化等功效，通常不含激素、抗生素、汞和其他重金属，过敏或刺激反应发生率也更低，使用起来更放心。如果换用新的护肤品，在大面积使用前一定要小范围试用，确定不过敏再全脸使用。现在很多实体店里都有试用装，可以先试用再购买，很方便，这样有助于避免购买致敏的产品。

严格做好面部防晒、保湿，保护好皮肤屏障，才能延缓皮肤衰老，拥有健康美丽的容颜。除了做好外在的护理，同时也要注意保持充足睡眠，戒烟戒酒，因为抽烟喝酒会使皮肤过早衰老、肤质变差、出现皱纹。不过研究发现，绿茶、咖啡、葡萄酒里的“多酚”物质，可以起到强大的抗氧化、抗自由基作用，对延缓皮肤衰老有好处。如果遇到类似于色斑、毛孔粗大、痤疮（我们俗称的“痘痘”“黑头粉刺”“白头粉刺”）、痘印、红血丝、过敏等情况，一定要到正规医院皮肤科，向医生寻求帮助，切不可轻信偏方，滥用护肤品，花大价钱又解决不了问题。

做好四点，唇部保持娇嫩柔软

尹志强 涂 洁

唇部的皮肤是非常脆弱的，因为这部分皮肤不存在可以分泌油脂的皮脂腺，所以唇部缺乏一层天然的保护膜，不仅容易失去水分，而且对于紫外线的抵御能力相对更差。随着年龄增长，唇部皮肤角质层中的胶原数量也会不断减少，弹性变弱，这会直接导致唇部皮肤松弛，皱纹增多，甚至蔓延到唇线以外。人们常常关注嘴唇的美观，尤其是女性朋友们更是花大心思在口红色号的选择上，却容易忽略对嘴唇的保护。

● 保湿

嘴唇需要保湿，平时可随身备一支润唇膏，每天涂几次，保持嘴唇湿润。现在还有唇膜，敷一敷，可以帮助唇部快速保湿丰润，但效果可能比较短暂。我们一般不建议使用自己调制的类似蜂蜜、芦荟之类的唇膜。平时注意多喝水，如果本身有心脏、肾脏的疾病，不可多喝水的那当然以疾病治疗需要为先，切不可主次不分。避免很烫、很辣的食物接触嘴唇，造成伤害。

● 防晒

嘴唇也需要防晒，平时涂防晒产品（如防晒霜、具有防晒功能的隔离乳等）的时候可以顺带给唇部皮肤也涂上一些，当然唇部皮肤较弱，防晒产品也尽量选择温和、相对安全的。也可以直接选择具有防晒效果的润唇膏。口红使用者在口红的选择上也要注意选择兼顾保湿、防晒效果的，或者在涂口红之前先涂润唇、护唇和防晒产品。当然，直接出门戴口罩可以简单又有效地解决唇部的防晒问题。

● 卸妆

唇部使用了防水型的防晒产品或彩妆后，需要进行唇部卸妆。因为唇部皮肤娇弱，所以最好选择唇部专用的卸妆产品。平时也可以定期给嘴唇去角质，这样可以使嘴唇看起来娇嫩柔软，但切记不要太频繁。

● 避免唇炎

如果对使用的口红、唇膏或者其他接触唇部的东西过敏，可能引起接触性唇炎。现在“文唇”也越来越流行，如果刚好对文唇所使用的染料过敏，也会引发接触性唇炎，而且文唇所用的染料普遍存在重金属超标，甚至致癌物超标的情况。为了健康着想，实在是不建议大家去文唇。

另外，很多朋友每年秋冬两季好发唇炎，因为气候寒冷干燥，嘴唇容易干痒不舒服，这时候千万不要舔嘴唇。唾液中含有各种消化酶，会破坏嘴唇黏膜的屏障功能，从而加重干痒的症状，所以大部分舔嘴唇的人都会有越舔越干的感受。如果嘴唇干得很严重以至于出现了脱皮，也千万不要用手撕，很容易撕出血。可以先用热毛巾敷一两分钟，待皮肤完全软化之后，再涂一遍护唇膏等脱皮自己脱落，也可以用干净的小剪刀仔细地将脱皮剪掉。

其实只要认真做好嘴唇的保湿工作，同时避免接触很刺激的食物，一般的干燥脱皮现象是很容易缓解的。但如果每次唇炎发作很重，可以外用不含香料和染料的润唇膏，还可以配合短期外用弱效糖皮质激素药膏，或者外用不含激素但具有抗炎作用的药膏。如果经过以上治疗办法仍然解决不了问题，唇炎反反复复，甚至发作的时候还出现了破溃、淌水等等一些“不太正常”的情况，或者处于特殊时期，比如，备孕、妊娠或哺乳期的女性朋友需要治疗唇炎，千万不能凭想象和猜测自行用药，请一定要到正规医院皮肤科就诊。

护理颈、肘、膝，让美无处不在

尹志强　涂　洁

● 颈部皮肤护理

人人都想要纤长、白嫩的天鹅颈，但颈部皮肤的厚度只有面部的 2/3，颈部皮脂和汗腺的数量只有面部的 1/3，颈部皮脂分泌少，难以保持水分，更容易干燥，所以很容易产生皱纹。而且颈部活动频繁，无数次抬头、低头的动作，颈部表皮很容易因挤压而出现痕迹，时间一长，就产生了颈纹，颈纹一旦产生就很难消除，很难恢复弹性。颈部很多时候也暴露在紫外线环境，除了日晒还有电脑辐射等。另外，化纤衣物的静电还容易使颈部皮肤起鸡皮疙瘩，皮肤松弛，皱纹增多。

要想延缓颈部皮肤衰老，减轻皮肤皱纹，增强皮肤弹性，就要严格做好颈部的护理工作。首先，做好基本的清洁工作。其次，需要注意的是，可以在进行面部保湿的同时要兼顾颈部，不过面部使用的一些比较黏稠的保湿剂用在颈部可能难以吸收，此时可以选择比较轻薄一些的精华水之类的保湿用品。另外也可以使用专用的颈霜、颈膜来护理颈部，同时配合颈部皮肤轻柔按摩，来促进保湿剂的吸收、促进血液循环，但要注意，因为颈部内有重要的器官如甲状腺等，按摩时一定避免大力。最后，白天出门前一定要记得：脖子也需要防晒。防晒可以延缓衰老，减缓颈部细纹产生。

不少人脖子上长了很多小疙瘩，而且一般一长就很多个。常见的有皮肤软纤维瘤，也就是我们俗称的“皮赘”，肤色，软，这种时候千万不能听信民间传言，用头发丝或者细线扎紧皮赘根部试图将其系掉，且不说有没有用，万一感染了，后悔莫及。还有的是随着年龄增长逐渐出现的脂溢性角化病，俗称“老年疣”。还有的是比较粗糙的而且具有传染性的丝状疣。这些小疙瘩长相有点相似，而且都可以通过冷冻、电灼、激光、手术的方式解决。如果傻傻分不清楚，就到正规医院皮肤科，请医生帮助鉴别和治疗。

● 手肘和膝盖皮肤护理

肘部和膝盖皮肤容易干燥、角质堆积而导致发黑发硬，摸起来很粗糙。解决这个问题的关键在于定期去角质和保湿。每周去角质 1 ~ 2 次。可以用磨砂膏涂在手肘和膝盖肌肤处，然后轻柔按摩，再做清洁和保湿。也可以涂抹稀释后的白醋或用湿毛巾热敷，充分地软化干燥暗沉的肌肤和粗厚的角质层，然后清洗干净，再涂上润肤剂。因为手肘和膝盖部位皮肤较厚，所以睡觉前可以在涂抹润肤剂后使用保鲜膜封包，促进保湿剂的吸收，减少水分流失。

另外，肘部是神经性皮炎、湿疹的好发部位之一，遇到这些问题的时候，一定要少抓、少烫、少用肥皂洗。所有的肥皂都是碱性的，即使所谓的“中性皂”“硼酸皂”也都是弱碱性的，可以强力洗去皮肤表面的油脂，破坏皮肤屏障。本身就有屏障受损的皮肤，再使用具有如此强力去油的肥皂清洗，会进一步加重屏障受损程度。

值得一提的是，炎热的夏天，膝盖部位的防晒工作很难做好。因为大家喜欢穿短裤、短裙，即使撑遮阳伞也很难挡住来自地面和周围建筑物折射的紫外线。所以建议大家夏天膝盖防晒最好涂防晒霜。

颈、肘、膝，都是身体重要的关节连接部位，除了表面皮肤的护理之外，颈部护理也要注意选择舒适的枕具，保护颈部自然的生理曲度，正确地按摩颈部，促进血液循环。同时要注重保暖工作，从内到外保护好我们的关节，健康的美丽才能持久。

手足护理得当，避免三种疾病

尹志强　涂　洁

手和脚对我们来讲太重要了。虽然手、脚特别是脚底的皮肤是身体最厚的部分，但仍然会衰老，而且相对其他部位的皮肤，脚部皮肤一旦受损更难愈合，所以手足皮肤也需要我们精心呵护。越来越多的人也开始重视手足的护理，那么，到底应该怎样护理手足皮肤呢？

我们平时洗手一般是用自来水淋湿后，涂点肥皂或洗手液搓几下再冲洗干净。我们医疗工作者熟知的手卫生是“七步洗手法”，这种洗手方式可以最大程度洗净手上的脏东西，但是很多人都不知道。洗脚一般是洗澡的时候顺带洗脚或者泡脚。但是长期热水泡脚、经常使用肥皂等碱性清洁产品、过度清洗会使皮脂减少，破坏我们的皮肤屏障，使得手足皮肤干燥粗糙，特别是秋冬干燥季节，严重的甚至会出现开裂。所以泡脚水不宜太烫，最好使用中性的清洗产品。养成洗完手涂护手霜的好习惯，洗完脚也可以给双脚涂润肤乳，保持皮肤表面湿润。

现在有很多足浴盐、磨砂去角质的产品，还很流行手膜、足膜，标注有清洁、去角质、保湿、美白等多种功效，这一类产品可以适当使用，在使用的时候一定要选择质量过关、相对安全的品牌，以免对皮肤造成损害。

手脚护理很容易忽略但非常重要的一点——防晒。手部皮肤除了戴手套的时候基本上一年四季暴露在外界环境，我们穿凉鞋或露脚背鞋子出门的时候脚也会暴露在紫外线里。跟我们脸上的皮肤一样，我们的手和脚接受紫外线也会老化，所以当然也需要防晒，防晒方法包括涂防晒霜、物理方法遮阳等。

以上所述基本上是手足皮肤正常情况下的日常护理，接下来讲一讲疾病状态或者特殊情况下的手足护理。

● 家庭主妇手

其实就是手部慢性湿疹，手部皮肤红斑、水疱伴瘙痒，有时开裂而疼痛，中年女性多见，大多数患者是和长期接触家务活中的各种洗涤剂却疏于防护有关。如果得了手部湿疹，除了药物治疗，医生还会强烈建议戴手套做家务，避免碰水，防治结合。但如果对手套的材质过敏，那么，一定要选择中性的洗涤剂，做完家务后可以用稀释的白醋洗手以去除残留的碱性物质，再用清水将白醋冲洗干净，最后一定要涂上护手霜。

● 汗疱疹

很多人在春夏季的时候会出现双手掌起小水泡、脱皮，一般还伴有瘙痒，第二年同季节常常复发，这叫“汗疱疹”，病因不明，影响美观，影响按指纹，不传染，有自限性。脱皮可以用干净的小剪刀修剪，但千万不要用手撕。减少接触香皂、肥皂、洗洁精、洗衣粉等碱性洗涤剂，多涂护手霜。

● 脚后跟开裂

原因很多，要对因处理。很多老年人脚后跟开裂，这与喜欢热水泡脚有关，因为热水容易洗掉皮肤表面的油脂，所以建议泡脚水温不宜太烫，泡脚时间不要太长，可以在洗脚水里放点醋软化角质，并多涂保湿剂。脚气引起的脚后跟开裂，一定要治疗脚气，可以在外用抗真菌药膏后，再涂一层润肤剂，睡前用保鲜膜封包促进吸收。

另外，多数指甲油里含有致癌物质，长期涂指甲油还会导致指甲变脆、甲缘皮肤红肿、干燥或倒刺现象，严重的甚至导致甲沟炎，建议大家尽量少涂，最好不涂。长期穿高跟鞋或不合脚的鞋子走路容易使压迫部位血液循环受限导致皮肤变黑，表皮增厚形成老茧，医学上叫“胼胝”。胼胝、鸡眼和病毒感染引起的跖疣长相有些相似，但却是三个不同的毛病，建议去正规医院找医生看看，而不要首先求助足疗店、修脚堂。

好皮肤真能吃出来吗?

钟 华

吃什么对皮肤好，其实是一个医学研究中经常遇到的疗效判定问题，我们需要先建立一个循证医学的思维模式，以后遇到类似问题，都可以用这种模式去判断。

要证明某种食物对皮肤好，通常需要满足以下几个要点：

1. 确定食用量：离开剂量谈疗效都是耍流氓，每天吃 1 个橙子和每天吃 8 个橙子很可能产生不同的效果。

2. 在一定数量的同质人群中做试验：这里所说的“一定数量”是指样本量要够大，“张三每天吃一个橙子都变白了！”这样的个例是不足以说明问题的。“同质”是指接受测试的人在年龄、性别、皮肤基础情况等方面要大致相同，不然怎么排除少数人天生丽质吃啥皮肤都好呢?

3. 设置吃安慰剂的对照组：如果没有不含有效成分的安慰剂，如何证明皮肤不是自己变好的呢?

4. 比较实验组和对照组各个皮肤指标：最后一定要有可量化的

客观指标相比较，比如，皮肤的含水量、弹性、经皮水分丢失量等。

遗憾的是，几乎所有的保健品宣称的效果都没有经过以上严谨的实验证实。也就是说，他们宣传的“护肤”疗效，高度可疑。

让我们一起来看几种知名度特别高的保健品。

● 胶原蛋白

胶原蛋白是人体各种结缔组织细胞外的主要结构蛋白，是哺乳动物体内含量最多的蛋白质，占全身蛋白质含量的 25% ~ 35%，更是皮肤中最重要的结构蛋白，发挥着强大的支撑作用。令人向往的“Q 弹皮肤”，就是胶原蛋白的功劳。但是，自成年以后，人的真皮胶原含量以每年 1% 的速率递减，皮肤会逐渐变得松弛、下垂。于是人们再一次搬出“吃啥补啥”的思维，吃猪皮美容就这样流传开来。后来人们发现“猪皮太容易吃饱，皮肤不一定变好，脂肪肯定囤积不少”。一些人皮肤的“饱满”和“Q 弹”感，其实是因为皮肤脂肪太多，胀的。再后来，猪蹄不敢吃了，有些人就开始搞“研发”，吃提纯后的胶原蛋白。于是各种胶原蛋白口服液、胶原蛋白粉、胶原蛋白胶囊开始大行其道。这些胶原蛋白保健品真的有用吗？胶原蛋白的本质是蛋白质，它们会在肠道被消化成小分子的氨基酸再吸收入血，然后我们的身体会根据需要，把这些氨基酸重新组装成不同种类的蛋白质。所以，吃下去的胶原蛋白根本不可能原封原样地补充到皮肤里去。而且，胶原蛋白并非优质的蛋白质来源，人体需要 8 种必需氨基酸（表 3-7），它只有 6 种，含量还不高。

表 3-7　人体每 100 克必需氨基酸含量对比

种类	胶原蛋白	鸡蛋蛋白
赖氨酸	2.90	7.17
亮氨酸	2.40	8.53
缬氨酸	2.20	6.09
苏氨酸	1.90	4.79
苯丙氨酸	1.30	5.30
异亮氨酸	1.10	5.44
甲硫氨酸	0.60	3.11
组氨酸	0.50	2.37
色氨酸	0.00	1.21

这样算起来，你花大价钱买胶原蛋白保健品还不如吃鸡蛋来得实在。

● 葡萄籽

葡萄籽是用葡萄酿制葡萄酒的副产品，由于其富含原花青素这种抗氧化明星成分，被声称对健康有诸多益处，比如，它可以减轻紫外线引起的皮肤老化，甚至皮肤癌的发生。但这些都没有足够的循证医学证据支持。目前还不确定葡萄籽在治疗任何疾病方面有效，宣称的药用效果也尚未获得 FDA 批准。在面对服用葡萄籽产品是否有助于改善皮肤时，还是建议大家不要那么“迷信”。

● 白藜芦醇

白藜芦醇是一种天然化合物，存在于红葡萄皮、日本虎杖（虎杖）、花生、蓝莓和其他浆果中。由于其强大的抗氧化作用可以中和自由基，而自由基被认为是皮肤老化的重要原因，因此，从理论上讲白藜芦醇有可能对延缓皮肤老化有益。但是，市场上售卖的保健品中，白藜芦醇含量和纯度差别很大，生物利用度低，口服吸收不良，其安全性和有效性尚未得到证实。简单讲，究竟多大剂量的白藜芦醇对延缓皮肤老化既有效又安全，尚不得而知。

究竟有没有什么食物是有益于皮肤健康的呢？

皮肤健康离不开全身健康，同时还受遗传、环境、内分泌、情绪等许多复杂因素的影响，要说食物对皮肤的影响，均衡饮食才是关键。

从一些实验室研究数据来看，对皮肤好的食物成分多了去了，比如前面提到的花青素、白藜芦醇，还有维生素 C、维生素 E、烟酰胺、锌……可为什么我们并不主张常规补充这些成分呢？主要有两个方面的原因。

首先，需要强调的是这些“研究数据”大多都是在实验室里，在体外培养的细胞上进行研究得到的，并非来自人体的循证医学证据，所以我们不能简单粗暴地把实验室结论搬到活人身上。

其次，即使某种食物对皮肤有益，也绝对不是多多益善。比如，维生素 C，正常成人每天需要量是 100 毫克，可耐受的最大量是 1000 毫克，超过这个剂量也会带来健康风险。如果长期摄入 1 g/d

以上的维生素 C，可能引起腹泻、头痛、尿频、恶心、呕吐、胃痉挛、泌尿系结石；如果长期服用 2 ~ 3 g/d 维生素 C，停药后还可能引起坏血病。

所以，食物多样性很重要，合理搭配和适量是关键。

如果能注意以下几种饮食模式，可能会让你的皮肤更好。

低脂肪、低糖饮食 过高的脂肪和糖分摄入会促进皮脂分泌，影响皮肤微生态平衡，糠秕孢子菌、痤疮丙酸杆菌等微生物繁殖增加，更容易发生痤疮、脂溢性皮炎等皮肤问题。所以，适当限制动物内脏、甜点等食物的摄入有益于皮肤。减少煎、炸等烹饪方式，可有效减少脂肪摄入。这样的饮食结构，在保持皮肤好的同时，顺便减个肥，一举两得。

低 GI（血糖生成指数）饮食 多吃粗粮、果蔬和豆制品，饱腹感强，血糖上升慢，调节血糖的胰岛细胞负荷不会过重，有利于我们身体内环境稳定和皮肤健康。不同食物的 GI 值如表 3-8 所示。

表 3–8 不同食物的 GI 值

GI 值	食物	
低 GI (GI ≤ 40)	主食	无
	蔬菜	菠菜、苦瓜、黄瓜、茼蒿、海带、茄子、芦笋、芹菜、西红柿、西蓝花、萝卜、洋葱、花椰菜、生菜等
	水果	哈密瓜、柚子、生香蕉、梨、桃子、樱桃、苹果、奇异果
	豆制品	冻豆腐、豆腐干

续表

GI 值	食物	
低 GI (GI ≤ 40)	乳制品	鲜奶、全脂牛奶、脱脂牛奶、低脂酸乳酪
	坚果	花生、腰果、杏仁、核桃
中 GI (GI 40 ~ 70)	主食	荞麦面、甜玉米、小麦面包、粗面粉面包、黑麦粉面包、玉米粥、小米粥、蒸芋头
	薯类	马铃薯（煮、烤）、山芋
	蔬菜	甜菜、韭菜、芋头、牛蒡、山药
	水果	熟香蕉、葡萄、猕猴桃、杧果、麝香瓜、菠萝
	豆类	蚕豆、黑眼豆
	乳制品	冰激凌、酸奶
	零食	巧克力
高 GI (GI > 70)	主食	烙饼、油条、小麦馒头、牛肉面、米饭、糯米饭、玉米片、
	薯类	甘薯（煮）
	蔬菜	南瓜、胡萝卜
	水果	西瓜
	零食	苏打饼干、米饼、华夫饼、胶质软糖

避免吸烟 吸烟可引起基质金属蛋白酶（MMPs）上调，致使大量胶原蛋白遭到破坏，促使皮肤老化，加速色斑和皱纹的出现。香烟烟雾中的尼古丁有着过度角化作用，可诱发粉刺形成。另外香烟烟雾的污染物也会导致痤疮的炎症加剧，创伤愈合不良。

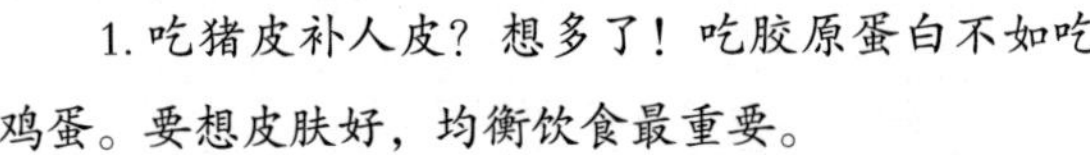

皮肤科医生的护肤课

1. 吃猪皮补人皮？想多了！吃胶原蛋白不如吃鸡蛋。要想皮肤好，均衡饮食最重要。

2. 低糖、少油、低 GI，扔掉香烟皮肤更好。

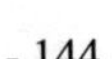

自测：早中晚护肤对了吗？

陈语岚

大家多少了解了一些关于护肤成分和特殊部位护理的小知识，那么，现在我们要进入一个模拟实操的小挑战，来试试我们是不是真的能够学以致用。

● 晨起

清晨起床，第一件事当然是洗漱，清洗掉一夜的皮脂和眼屎，牙齿也刷得清清爽爽，整个人都精神了！那么，接下来我们需要往脸上抹的是：

A. 保湿霜

B. 隔离霜

C. 防晒霜

D. 以上都要

考点分析：隔离霜到底是不是必要的？这个问题可能很多人都会答错！实际上，“隔离”是一个半保湿、半防晒的东西，它的存在就是为了方便那些没有精力分开使用多种基础护肤品的懒人，所以，如果你分开使用了保湿和防晒的话，就不用选隔离霜啦！

那么，有些同学就会问了：既然隔离这么方便，为什么我还要分开使用保湿和防晒呢？这是因为，隔离霜只是方便，但保湿能力不会特别强，防晒指数（SPF）一般也很少会超过30，所以当气候干燥，或者是晴天需要长时间待在户外的时候，只用隔离就很难达到良好的保护效果，还是需要分别使用单纯的保湿霜和防晒霜。

另外一个常见的疑问是：隔离霜可以隔离空气污染物和彩妆，不让它们伤害我们的皮肤，难道不是吗？然而，隔离霜其实并不能真正为你“隔离”这些伤害。如上所述，它甚至连对紫外线的隔离都常常不如防晒霜，所以，也没有必要因为没有使用隔离而觉得有心理负担。

● 午后

学习、工作了一个上午后，好想休息一会儿啊。可是，皮肤科医生告诉过你，防晒霜不是一抹顶一天，而是两三个小时就需要补涂一次的。这时你会选择：

A. 把脸彻底洗一遍，重新涂保湿、防晒、彩妆

B. 使用方便型的洁肤液简单清洁一下，重新补防晒

C. 直接在原有的彩妆上补防晒

D. 太麻烦了，不补防晒了

考点分析：你认为补防晒霜需要先卸妆吗？防晒霜作为一个保

护性的存在，是不需要被皮肤吸收的，它的任务就是在皮肤表面形成保护膜，挡住紫外线的伤害，这样就可以了，所以一般来说，使用防晒霜之前并不需要特意去清洁皮肤。

但是，如果直接在彩妆上补防晒霜，我们可能会遇到两个麻烦：

——层层叠叠涂得太厚了，容易催生粉刺、痘痘；

——涂好以后发现防晒霜泛白严重，妆容不精致了。

像这样的情况，也可以用方便型的洁肤液简单清洁一下后，再重新补防晒和补妆。

完全不补防晒可不可以呢？

如果你工作的时候基本都在室内，你也不是必须要补防晒。因为玻璃窗虽然不能阻断 UVA，但确实阻断了相当一部分 UVB，室内的日晒强度的确比室外弱许多。如果你的工位没有被直晒，并且距离窗户有 1.5 米以上的距离，那么，我们认为这个日晒对皮肤的影响其实是很小的。此外，你也可以考虑使用带有一定防晒指数的粉底，补妆即是补防晒，就可以让自己护肤、工作两不误，更方便省心一些。但如果你午后需要户外活动，那最好还是老老实实补防晒。

● 傍晚

结束了一天的工作，回到家里，该是“洗尽铅华呈素姿”的放松一刻了。但这时问题又出现了，你应该如何洗脸才是正确的呢？

A. 用卸妆油卸除彩妆

B. 用洗面奶洗掉卸妆油

C. 用化妆水深层清洁

D. 以上全部都要来一遍

考点分析：真的会有人选择 D 吗？这绝对是错误的！皮肤作为人体最表层的防线，它根本不需要被洗得绝对干净才能健康。过度清洁反而容易破坏皮脂膜，影响皮肤屏障功能的稳定。我们完全可以简化这个流程！

厚重的彩妆多数是脂溶性的，用水的确洗不干净，需要以油溶油才能洗脱，溶解之后，用清水洗净、毛巾擦脸就可以，没必要又用洗面奶再洗一回。普通的淡妆、防晒霜，用双相溶剂或者洁肤液清洗即可，这些不含油的清洁剂，用完以后不过清水也没问题。如果你只使用了不防水的防晒霜，用普通的洗面奶就已经足够了。

化妆水、柔肤水有没有必要使用呢？

在我看来，这类东西已经快要被时代淘汰了。它们的出现本是由于过去的清洁产品多数为碱性的皂基表面活性剂，使用后会有一定的残留，皮肤表面的 pH 不能很快恢复自然的弱酸性，那么，皮肤比较敏感的人，就会需要使用一些弱酸性的化妆水、柔肤水去中和残留物。而现在清洁产品市场也已经越来越重视对皮肤正常生理状态的维护，氨基酸类表面活性剂占领了市场的主流，它们对皮肤表面的 pH 影响非常小，如果你使用的是新一代的洁面产品，那么，化妆水、柔肤水对你来说，就已经没有必要了。

● 睡前

现在我们终于洗去一身疲惫，放松下来，做个临睡前的面部保养，就可以安安心心地睡美容觉了。那么，最后一个考题摆在了你的面前，临睡前需要使用什么护肤产品呢?

A. 喷雾、水

B. 精华

C. 乳液

D. 面霜

E. 以上全部都要来一遍

考点分析：你真的有必要使用那么多种产品才足够护理皮肤吗？这个答案也许同样出乎你的意料。喷雾或者水剂的存在，是基于“皮肤在水合程度比较高的情况下吸收能力会更好”这样一个道理的基础上，但是如果你在洗完澡后，皮肤还没有完全干透，就及时使用了乳液或者面霜，那么，此时皮肤水合本来就还很高，你就没有必要使用喷雾或者水剂。

而乳液或者面霜，同样是选一个就可以了。这类产品的终极目的就是为了减少经皮水分挥发，为皮肤保住水分，它们其实是同类。从保湿能力的强弱来区分的话，从弱到强分别是：

凝胶（gel）<乳液（lotion）<霜（cream）<膏（ointment）

根据自身肤质、当地气候和你所处的环境的空气湿度，从中选择一个适合的剂型使用，就已经足够保持皮肤润泽，并不需要全部依次用一遍。就像我们为了饱腹，根据饥饿程度会选择粥或者米饭或者面食，都可以，但全部都吃一遍的话，那得多撑啊。

至于精华，这类产品一般含有浓度较高的功效性成分，譬如一些美白成分，或抗氧化、抗衰老成分，它们是一种“加分项”，不是“必选项”，可以根据自己的诉求和皮肤承受能力来决定用或者不用。比如说，黄褐斑人群或许会有长期使用氢醌、壬二酸精华的需求，皮肤特别白的人，对日晒的抵抗力比较弱，光老化出现得比较早，会有使用 A 醇抗衰的需求，这都是合理的。但如果是皮肤敏感的人群，使用精华常常会出现皮肤不能耐受的情况，就只有忍痛割爱，暂且不要追求特殊功效，而是以维稳为重了。

一天的考题就到这里结束了，你可以看到，很多事情其实是没有标准答案的，要理解了其中的原理后，根据自身的情况灵活调整。理解了原理，你获得的也不是分数或者奖状之类的门面上的东西，而是实实在在的生活便利和更高效的变美方法。

如果你觉得这份考题对你来说太简单，你已经全部都掌握了，那么，欢迎你接着往下看！

第四章

解决皮肤问题，护肤犹如用“药”

皮肤干燥，光补水不够

徐宏俊

都说水是一切生命的源泉，对于皮肤也是如此。皮肤所需要的水分主要来源于人体代谢系统进入到真皮层的水，再从真皮渗透入表皮底层直至表皮的角质层。距离真皮层越近含水量越高；距离真皮层越远，含水量越低。因而水分的含量也从真皮到表皮各层呈阶梯式递减。到了角质层，含水量通常只有 10% ~ 20%，很难超过 30%。

皮肤水分含量充足时，皮肤柔润、有光泽、有弹性，如果皮肤缺水不仅可以导致干燥、起屑、干裂、角化异常，还会导致皮肤透明度降低、粗糙，皮肤老化速度也会加快。

正常情况下皮肤具有一定的锁水能力，不仅是因为角质层内天然保湿因子（NMF）能在角质层与水结合，通过调节水分的含量来保持细胞间含水量，还因为细胞间质中脂溶性成分堆积在角质细胞之间，有疏水性能，不但可以防止体内水分蒸发，也可以阻止外界的水分和水溶性成分进入体内。此外，皮脂腺分泌的皮脂和汗腺分泌的汗液，连同脱落的角质细胞、空气中的微小颗粒物等一起构成了皮肤表面的皮脂膜。紧密排列的角质细胞形成的“砖墙”也有一定的锁水保湿功能。这些结构也构成了完整的“皮肤屏障”。完整的皮肤屏障具有一定程度上动态调节皮肤生理功能的作用，包括调控含水量。

● 皮肤为什么会干燥？

通常情况下，外界温度升高，皮肤的隐性蒸发和显性丢失加快，加之体内水分补充不足时，可以导致皮肤干燥。其次，恶劣环境，如气候环境过于干燥、寒冷，超过了皮肤本身的调节作用时，皮肤水分过度流失，可导致皮肤干燥。而诸多因素导致的皮肤屏障受损，比如，过度去角质、清洁过度、“刷酸”不当、用力摩擦、皮肤水合过度等可导致皮肤的锁水能力降低，水分蒸发量大于真皮的水分供给量，肌肤便出现了缺水。此外，遗传、年龄、机体营养状态、具体皮肤部位、疾病状态等都可能影响皮肤的水分含量。

● 补水≠保湿

皮肤干燥时，人们往往第一反应是皮肤缺水了，于是各种爽肤水往脸上喷，面膜恨不得天天敷在脸上。诚然，无论用湿敷、面膜还是各种喷雾、爽肤水，都可以使皮肤角质层水分暂时得到提升，这种表皮吸收水分使得含水量增高，称为“水合作用”。但这些水分在角质层停留的时间很短暂并会迅速蒸发，后续需要乳或霜里油水混合形成的一层保护膜将水分锁住，这便是“保湿”。因而，补水在护肤程序中充其量只能是保湿的前序步骤。

除依赖于护肤品的外在水分补充，机体的缺水也同样需要重视，尤其气候干燥的季节，炎热的外界环境，还需要通过大量进食水分含量高的食物，为皮肤提供最基本的水分供给。针对干燥的外在环境，必要时还需要提高环境的湿度，来减少皮肤水分的持续丢失。

● 皮肤屏障受损导致的缺水

皮肤屏障对于维护皮肤功能完整性的作用不言而喻，皮肤屏障与保湿两者相辅相成。皮肤屏障功能受损，不仅会减弱对外在环境、刺激因素的防御能力，还会加快水分的丢失。同时，补水保湿对皮肤最重要的作用在于降低皮肤经皮水分丢失（TEWL），来维持皮肤屏障及功能的完整性，从而发挥出它的自我保护及抵御外界伤害的能力。因而针对皮肤屏障受损带来的皮肤缺水，需要解除导致屏障受损的相应因素或病因，并以恢复皮肤屏障作为亟待解决的首要问题。

● 不要忽略过度补水带来的危害

我们曾提到，表皮吸收水分使得含水量增高，称为“水合作用”。生活中我们往往只知道拼命给皮肤补水，却忽略了过度补水对皮肤带来的危害，那就是“水合过度”。表皮对水分的持有能力是有限的，就像我们双手长期浸泡在水中时并不会让手的皮肤无限制吸收水分，而是出现发皱、发白的浸渍现象，面部皮肤也是如此。生活中一些不良习惯，如长期频繁使用面膜或使用面膜敷贴的时间过长，会导致皮肤结构中角质细胞膨胀，细胞间连接变松，皮肤通透性增加，更容易受到外界的刺激，防御能力也降低。长期反复的过度补水更会加重皮肤屏障的受损，甚至形成敏感肌肤。

● 皮肤长期干燥，还要考虑某些特殊疾病

有部分人群，皮肤常年较干燥，尤其秋冬季时双小腿，甚至双前臂会出现像鱼鳞样或蛇皮样的网格状的纹理表现，更有甚者不分四季都很明显，一脱衣物便会漫天扬起细小的鳞屑，让人尴尬万分，这种情况你需要考虑是否患有——寻常性鱼鳞病。但是，虽然皮肤干燥呈鳞状是鱼鳞病的典型皮肤表现，但并非所有皮肤干燥的人都是鱼鳞病。不过有部分症状非常轻微的鱼鳞病可仅表现为皮肤干燥而不呈鳞状改变。

还有一些疾病，如毛周角化症、维生素 A 缺乏、甲状腺功能减退等均可伴随皮肤干燥。这时便需要根据原发疾病至相关科室就诊。

皮肤科医生的护肤课

对于皮肤干燥，首先得找到干燥的原因，是环境气候改变？是屏障受损？还是某些疾病引起？分析清楚原因才能对症去解决，而并非盲目补水，也不要频繁使用面膜，更不要把面膜当成急救品、必需品。

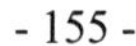

消除“鸡皮肤”，美白精华无用

陈语岚

“鸡皮肤”是一种非常常见的慢性毛囊角化性皮肤病，相信你没长过也看到过、听说过。它好发于手臂外侧、大腿前侧等部位，表现为与毛囊分布一致的针尖大小丘疹，丘疹中间常常还能看到一根坚韧不拔的小毳毛，拼了老命长出来。它通常不痛，也不怎么痒，就是不太好看。它是如此常见，以至于很多人都没想到，实际上，这是一种正儿八经的皮肤病，叫毛周角化症，通过常染色体遗传。由于发病跟性激素的影响相关，一般好发于青壮年，中老年后就渐渐自行消退了。

● 毛周角化症能根治吗？

网络上有许多售卖“根治鸡皮肤”的偏方，但实际上，既然是一个病因刻在基因里的疾病，而我们当前并不能从基因层面进行治疗，那么，你也看出来了，这病是不能根治的。网络上卖的这些偏方，多为外用的腐蚀性化学去角质产品，根本不可能改变一个人的基因，因此，“根治”是肯定达不到的，这属于虚假宣传。

也有人说：“我用过这种产品，后来真的再也不长了。”排除托儿的可能，也可能有一部分人确实出现了这种改善情况。这是为什么呢？实际上，毛周角化症是一个自限性疾病，也就是说，即使完全不去治疗，在人到中年以后它也会逐渐自行消退，只是非常慢而已。在它逐渐自行消退之前，也并没有什么方法可将其提前根治。但是对于个体来说，“亲身经历”是一种印象非常深刻的体验，当一个人受自愈性疾病折磨多年，终于痊愈时，他恰好在做什么，他很容易就会认为就是这个行为带来的获益，谁说也不动摇。最终皮疹消退的时候，哪怕他往腿上糊大便，他也会坚定不移地告诉你：“糊大便能治鸡皮肤，真的！亲测有效！”

因此，我们在判断获得的疾病信息是否可靠的时候，不能仅仅因为对方十分真诚就相信了他的说辞，还需要打听一下疾病的前因后果，是否互相支持、没有矛盾。实在分辨不清时，还是要听医生的话，相信专业人士的判断。

● 我们拿“鸡皮肤”没辙了吗？

如果你嫌“鸡皮肤”难看，一刻也不能忍，其实也是有一些办法可以想的。既然病理是角质异常增生和堆积，那么，各种去角质的方法当然也都适用于“鸡皮肤”。你可以：

用化学剥脱的方式　在医院做果酸换肤，或日常使用果酸、水杨酸护肤品局部外涂。

用物理磨削的方式 用丝瓜络搓揉局部。

用药物诱导皮肤角质生成趋于正常化 0.025%～0.1% 的维A 酸软膏外涂。

加强保湿减少角质生成 最佳选择就是尿素、尿囊素，鱼肝油软膏也可以考虑。

防晒 日晒可以促进角质形成，对“鸡皮肤”有明显影响，注意防晒可使病情缓解。

鉴于“鸡皮肤”不能根治，停止干预后就会逐渐在基因的指导下慢慢长回原样，因此，太过于大动干戈的、太昂贵的护理手段，性价比其实并不高。最实际的办法，其实就是在洗澡的时候使用丝瓜络这样略硬的搓澡工具，轻轻搓揉局部，可以使情况得到改善。具体的做法是：

——频次可根据自身情况调整，一般每周一次为宜；

——每次不可用力过猛，以皮肤微微发红而无疼痛感为宜；

——搓局部即可，不必搓正常的皮肤。

除此以外，浴后需立即进行软化角质、保湿护理，也就是涂身体乳。在身体乳的选择上，含有 10% 尿素、8%～12% 果酸的身体乳都比较有优势。在日常护理的基础上，仍然效果不佳的，才考虑加用维 A 酸软膏这样的药物去进一步干预。

● 另外一种形式的“鸡皮肤”

毛周角化如果出现在四肢，人们可能还不是十分介意，但其实毛周角化之中还有一些特殊的分型，其中一种就是长在脸上的。这个分型的患者会在两个鬓角下出现黑里透红的斑块，上面还能看到微微鼓起的毛囊和增多的毳毛，十分影响外观，也常常会影响到患者的自信。这个分型，叫作面颈部毛囊红斑黑变病。

由于看起来有碍观瞻，许多人会试着去除它，既然看起来黑，那么，就试着用一些美白淡斑精华吧。可是，这并不会有很好的效果，因为毛囊红斑黑变病的颜色来自于表皮增厚、毛囊和血管的增生，而不是单纯的色素沉着。因此，改善它需要下一番功夫，先在医院里刷酸去除多余角质，然后通过强脉冲光等光电手段封堵异常增生的血管，必要时，还会需要气化激光磨削。如果把钱都浪费在无谓的美白精华上，还不如多花点钱做这些真正有用的治疗。

很多年轻人因为“鸡皮肤”不好看，而感到焦虑，甚至产生自卑心理。不过话说回来，其实“鸡皮肤”虽然无法根治，倒也并不影响整体健康，也不会传染他人。没有必要因此太过困扰。恐惧源于无知，了解了它的来龙去脉，心里有数，也就不会再操无谓的心、做无谓的事了。

止狐臭，美丽无异味

陈语岚

当我们在谈论美食的时候，常说要“色香味俱全”，对于美肤，我们自然也希望除了色泽、弹性，还要有健康美，最好也不要有什么异味。可是，狐臭的存在常常使美人减分。并且相当一部分人不知道这个问题可以在哪里获得靠谱的改善意见。

也许你从没想过，狐臭竟然还会在一本护肤的书里被提及和讨论。但其实，狐臭是一个跟汗腺分泌相关的现象，而汗腺属于皮肤附属器，这事还真就归皮肤科管。不仅如此，我从长期的临床工作里发现，大众对狐臭这个问题存在很多误解。

● 狐臭的人自己不知道自己有狐臭？

很多人以为狐臭者自己“久居兰室不闻其香”，所以不知道自己有狐臭。这个看法绝对是错的。狐臭的本质是腋窝顶泌汗腺分泌过旺，汗液被局部皮肤上的菌群分解后发出的气味，所以它不是持续同一个浓度的气味，而是随着人的活动时重时轻，本人也是能在加重时注意到这个问题的。

你一定遇到过那种心直口快的人，去指出别人有狐臭，众目睽睽之下，对方当然只好说：“有吗？我自己怎么不知道？”这其实是出于尴尬，并不是他真的不知道。

实际上，狐臭的“三分度”中，最轻的程度就是“只有他自己知道”。

轻度 脱下衣服自己凑近闻能闻到。

中度 正常社交距离，对话双方都能闻到。

重度 一进屋子，整屋子的人都能闻到。

有狐臭的人不但自己知道，而且狐臭者对此通常都是比较介意的。尽管表面上看起来似乎以掩饰为主，但背地里他们可能因为这件事产生社交恐惧，甚至部分人会说：“医生，我想自杀。”

狐臭不痛不痒，不影响全身健康，何以起到这么大的负面影响？主要还是因为它给患者一种“被排斥感”，觉得别人都没有就我有，而且气味这个东西摸不着抓不住，我怎么掩饰得了？

● 实际上——没有狐臭，才是不正常的人类！

狐臭在古时又写作“胡臭”，从唐朝孙思邈的《千金要方》到明朝李时珍的《本草纲目》，很长一段时间里，中原的汉人都认为只有胡人才会得这种臭毛病。

今天我们已经有了流行病学大数据，可以很容易地发现，90%的白人和99.5%的黑人都是有狐臭的，中亚人种也几乎是一半一半，就只有在东亚、南亚，没有狐臭成为大多数，而有狐臭成为少数，因此，被讹传为“胡臭”也算是有历史原因吧。

造成这种分布的原因是什么呢？可以明确的部分是，狐臭的发生和基因相关。人类的第 16 号染色体中部的 *ABCC11* 基因上，第 538 位碱基调控了大汗腺分泌的多少。那么，既然全世界都分泌旺盛，而偏偏东亚的人种不是，只能猜测是这一个分支发生了基因变异。毕竟，从原始人的角度看，体味还是有用的，可以交换信息。

所以狐臭的人啊，不要只看到眼前的苟且，世界那么大，还有诗和远方的“狐友们”啊！

但无论如何，体味并不是一件非常令人愉悦的事情。白种人里虽然很普遍，人家也早早发展出茁壮的香水行业去掩盖它。那么，狐臭怎么治，能治好吗？

● 狐臭怎么治？

狐臭的治疗，同样随着程度不同而变化。对于大部分轻度患者，我们建议仅仅是外用止汗露去对症处理即可。市面上的止汗产品非常丰富，也很容易获取。它们有的通过氯化铝、氯化羟铝来达到吸湿的目的，有的通过丁二醇、苯扎氯铵来抑制局部细菌，效果通常能维持一两天左右，洗个澡就没了。由于价格实惠，又没有什么创伤，使用止汗露不失为一种实用的日常维护手段。

对于比较明显的中度狐臭，也可以考虑使用一些药用的止汗产品，比如，40% 的乌洛托品溶液，通过涂布后分解为甲醛，使汗腺分泌减少，效果较强，可维持 1 周左右。如果是不小心沾到了腋窝外的正常上皮，还可能出现干燥、脱屑，可以说是看得到的强效了。但也是因为可以分解为甲醛，我们并不推荐孕哺人群使用乌洛托品。

那么，如果不是轻症患者，是不是就要手术了？我们知道，狐臭是可以手术的。

微创手术的做法是：腋窝菱形下端造口，皮下进刮匙，将毛囊、汗腺刮坏，这种方法的弊端是，因为是盲刮，术者也没法精确判断到底刮干净了没，有可能复发。

防止术后复发“跟你拼命”的做法是：直接把中央那部分皮肤连毛囊带汗腺切了，两侧拉过来缝合，这种方法的弊端是既然有切口，必然会留一条疤。

其实，随着科技的进步，新的疗法还在不断涌现，我们不是非要那么大动干戈。轻中度的狐臭还有一个更轻省的解决方案，那就是使用肉毒毒素。既然狐臭的本质是顶泌汗腺分泌过旺，顶泌汗腺的分泌又受到神经调控，那么，用肉毒毒素麻痹局部神经，汗腺不就分泌得少了嘛，汗的分泌减少了，皮肤表面的细菌就算想分解，也难为无米之炊，气味当然就大大减弱了。

注射肉毒毒素除狐臭有非常明显的优势：

痛苦小 外敷麻醉药半小时，注射肉毒毒素 10 分钟，无停工期，不留疤。

效果肯定 注射后 3 天即起效，维持时间中位数为 220 天。

费用低 不要以为肉毒毒素就贵，打多汗症用国产肉毒毒素足矣，比开刀经济得多。

现在文章看完了，有个思考题留给大家：如果有一天，你听到一个人别别扭扭地否认自己的狐臭，那么，你打算怎么告诉他这其实可以治疗，才比较不伤害对方的感受呢？

破解化妆品“闷痘”的真相

徐宏俊

在一段时间内，突然出现爆痘，找寻其原因，除了生理期导致的激素水平改变、饮食、作息等因素，还有一项不可忽略的原因那便是化妆品致痘。

在 2018 年发布的《化妆品皮肤不良反应诊疗指南》中将化妆品的致痤疮样效应描述为：连续接触化妆品后，在接触部位发生的痤疮样毛囊皮脂腺炎症，发病前有明确的化妆品使用史，皮损局限于接触化妆品的部位，表现为黑头粉刺、炎性丘疹、脓疱等。

我们通常将与使用化妆品相关的痘痘表述为“闷痘”，与其他原因导致痤疮不同的一点在于：停止使用该化妆品后痤疮症状消失或缓解，再次使用同类化妆品后症状可复发或加重，结合痤疮表现，可明确是化妆品所致的痤疮。

● 化妆品致痘是因为质地太厚重、太油腻吗？

虽然目前化妆品致痘具体机制还在研究当中，但并不是我们通常认为的化妆品厚重或油腻堵塞毛孔。诚然，本身油脂分泌旺盛的人群，因为皮脂分泌的过量，再加上毛孔的堵塞，势必会加重痘痘，但这充其量也只是众多干扰到毛囊正常角化代谢的其中一个因素而已。致痘与否与化妆品是否质地厚重并没有太多关系，因为质地轻薄的化妆品同样也可能加重痘痘，这点绝对让很多人意外。

因而，所谓使用“无油”化妆品来避免痘痘，并没有科学依据。化妆品中常见的凡士林、硅油也并不会加重我们的痘痘。

● 是什么原因导致的化妆品致痘?

目前观点认为：一是促进毛囊皮脂腺内的角化异常加速；二是延缓角质的剥脱。

这两种情况都会导致毛囊皮脂腺导管开口被过多的角质阻塞，但并不是化妆品的成分或化妆品的形态直接堵塞毛孔。所以，引起痤疮的化妆品跟质地没有太多关系，而是与具体的成分相关。

● 化妆品中哪些成分可能致痘?

目前流传最广的可致痘的化妆品成分主要有：可可脂、棕榈酸异丙酯、羊毛脂、肉豆蔻醇乳酸酯、肉豆蔻酸异丙酯、辛基棕榈酸酯、异硬脂酸异丙酯等。按照这个逻辑推理的话，合理避开能致痘的这些化妆品成分，是否就能避免化妆品加重痤疮呢?

那可不一定，这得从得出这些结论的实验方法说起。目前实验所得出的与促进痤疮发生相关的化妆品成分均是来源于动物实验的兔耳模型，以往也将这些实验得出的结论定性为容易导致痤疮的成分，但后续又有部分学者行人体实验，提示这些成分可能在人体上并没有那么容易致痘。但由于各种研究方法都有一定局限性，也不具有绝对的代表性，目前在致痘的化妆品成分上还没有达成学术上的统一，还需要后续更进一步的研究。不过目前流传的“致癌成分表”可以暂时作为参考，但不能作为绝对的标准。

另外，除具体成分外，配方中该成分的具体浓度，制作工艺，成分中相互的交叉反应，都是我们在考虑化妆品成分致痘上需要考虑到的。

● 为什么同一化妆品有时致痘，有时不致痘？

化妆品中的成分可以致痘，但也不是必然、必须致痘。创造了天时地利人和条件，致痘或许就是顺理成章的事情。如果在痘痘活跃期，任一条件都可能成为爆发出痘的最后一根稻草，比如，睡眠、饮食、压力、化妆品。所以这种情况不认为是与化妆品的成分相关。

● 使用化妆品的手法也很重要

机械性痤疮是指在对皮肤进行摩擦、挤压、拉伸或加热等局部物理刺激后引起的痤疮表现。最初是在美国橄榄球运动员头盔摩擦区域发现了粉刺的表现而得以命名，后续逐步发现衣物过紧摩擦皮肤、长时间倚靠家具、假肢的挤压等因素都可以引起机械性痤疮。

同样，在使用化妆品中，过度摩擦也可能会导致摩擦部位的痤疮。

传说中的脂肪粒并不是很多人认为的眼霜营养太高导致吸收不好，而是微小损伤导致的角质潴留，跟这个道理类似。

● 怎么确认是否化妆品加重了你的痘痘？

当怀疑某一化妆品致痘，首先需要停掉你怀疑的化妆品，是证实你心中所猜所想的重要环节。或许一次不能完全确定，当再次或再再次使用后还是出现与前述类似的痤疮皮疹后，便离真相更进一步了。这也是判断化妆品是否加重痘痘的唯一办法。

此时，使用一些促进角质剥脱或代谢的成分，比如，果酸类的或维甲酸类的，都能有效缓解你的痘痘。切记必要时到皮肤科就诊，听取专业的治疗建议。

皮肤科医生的护肤课

化妆品与痘痘的关系并非绝对，涂了化妆品是否长痘，具有显著的个体差异。并且引起痤疮的化妆品跟质地没有太多关系，而是与具体的成分相关。当怀疑一种化妆品是否导致你的痘痘加重，最直截了当的方式是停用。如果你还有些“科研”精神，那可以反复多次使用予以验证。除此之外，皮肤涂上化妆品后，不要过度揉搓、摩擦，以免造成护肤品相关的其他皮肤问题。

护肤品能缓解痤疮症状

徐宏俊

护肤品，直面理解就是护肤美容，让自己更年轻漂亮的产品。但目前来看，护肤品的作用也不是那么“单纯”，一些护肤品可以因阻塞毛囊皮脂腺导管开口而引起“化妆品痤疮”。而挑选对了护肤品，不仅可以使你的“痘痘”被扼杀在早期萌芽状态，还可以辅助皮肤疾病的治疗，减少药物的使用时间，减轻口服或外用药物可能带来的不良反应。

痤疮人群要想了解如何挑选护肤品，既能避免加重痤疮还能辅助治疗，我们需先了解一下容易反复长痘的皮肤具有哪些特点：

——皮肤油脂分泌旺盛；

——皮肤角质堆积；

——部分人可合并皮肤敏感。

是的，你没有看错，这就是反复长痘的皮肤状态。正是有这样的皮肤特点，部分痤疮人群因皮肤长期处于油脂分泌旺盛状态，常过度或频繁地去角质、清洁。也有人因长期药物治疗导致了面部，尤其是面颊部皮肤的敏感，表现为皮肤发红、瘙痒、红血丝、易激惹等屏障受损，甚至可以表现为油痘肌与敏感肌并存，T 区出油明显，面颊却又干又薄又敏感，两不相宜，给治疗及愈合增加了难度。

因而，正确地使用清洁及护肤类产品，在痤疮人群的日常护理中也非常重要。同样，挑选带有一定辅助治疗作用的护肤品，可以让药物治疗如虎添翼。

● 适用于痤疮的护肤品有哪些？

清洁、保湿、控油的同时能抑制皮脂分泌、抗炎、溶解角质并修复屏障。

清洁

痤疮患者理想的清洁产品应为低敏感性、无刺激、温和、清洁力强的产品。一天 1 次或 2 次使用，可选择性使用含有水杨酸等成分的清洁产品。

保湿

痤疮患者也需要做好基础保湿，建议使用水包油或无油水基的保湿霜，避开厚重的、油腻的、含有封闭剂的产品，如含有霍霍巴油、矿物油、凡士林等护肤品。

不过实践出真知，鞋子合不合脚只有脚知道，保湿产品闷不闷痘，只有你的脸知道。

控油同时能抑制皮脂、消炎

含有低浓度的烟酰胺、壬二酸、水杨酸、锌制剂、维生素 A 及其衍生物，可以吸收和保留皮脂，改善油性皮肤持续状态，降低粉刺和炎症性痤疮形成的风险，部分还有抗炎、抗自由基等作用。

角质剥脱

上述部分控油、抑制皮脂的成分也兼有角质剥脱的作用，除此之外，含有视黄酸、类视黄醇、α－羟基酸（如果酸）、β－羟基酸（如水杨酸）及多聚羟酸等原料的护肤品具有一定角质溶解剂剥脱的作用，帮助清除堆积的角质，疏通毛孔，还可以促进药物的吸收，增加治疗满意度。

修复皮肤屏障

含有神经酰胺、角鲨烷、透明质酸等成分的护肤品可以帮助修复受损的皮肤屏障，缓解痤疮患者皮肤的敏感，提高对药物治疗的耐受性。

对于痤疮炎症后色素沉着的患者，及部分使用特殊药物治疗的患者，防晒也至关重要。严格执行防晒不仅可以减少部分药物的光敏感作用，还可以减轻药物对皮肤的刺激性及痘印的形成，尤其是敏感肌的痤疮人群，防晒更是重中之重。

遮瑕剂虽说可以改善外观，但建议痤疮患者尽量避免使用，以避免加重痤疮的发生和发展。

● 护肤品不能替代药物治疗痤疮

护肤品属于“妆”字号，适用人群比较广，安全性高，不允许对人体产生任何刺激或损伤。而外用药品有明确适用对象，作用于皮肤时间短暂，对人体可能产生的微弱刺激及不良反应在一定范围内是允许的。化妆品主要起到清洁、保护、营养和美化作用，就算带有一定功效性，如前文提到剥脱角质、消炎、抗菌等，但其中有效浓度较低，作用较弱，因而自行在家操作相对安全方便。外用药物用以预防、治疗及调节人的生理功能，并规定有适应证或者功能主治、用法和用量，受严格监管，药理性能更强大、深入、持久，部分还可能影响或改变皮肤结构和功能，需要在医生指导下使用。

痤疮人群用对护肤品可以缓解痤疮的症状，也可以对药物治疗起到辅助作用，并在一定程度上减少药物的使用时间，甚至减轻药物可能引起的不良反应。但是，护肤品不能替代药物的治疗作用，也不要过度寄希望用护肤品来治疗疾病。

皮肤科医生的护肤课

使用护肤品的目的在于维护皮肤的正常状态，温和才能隽永。护肤品的作用非常有限，即便添加了某些功效性成分或治疗性成分的护肤品，也只能在皮肤出现轻微问题时予以一定程度的修正，不要寄希望于护肤品来替代药物治疗疾病。但挑选了适合自己皮肤的护肤品（成分），并根据皮肤状态变化予以调整，那便能起到锦上添花的作用。

毛孔粗大怎么破？找有"酸"的成分

徐宏俊

草莓人见人爱，尤其是鲜艳的色泽、扑鼻而来的香味及酸甜的口感。如果这可爱的草莓长到了鼻子上，成了"草莓鼻"，鼻子上也有一个个芝麻大小的毛孔，而且每一个毛孔或许还填充有或黑或白的角栓，还会人见人爱吗？不用想，如果有了"草莓鼻"，再精致的五官也会大打折扣。如草莓一样，皮肤上布满粗大的毛孔，除了会出现在鼻部，面颊、额头均可以出现，这便是我们经常遇到的面部问题——毛孔粗大。

在医学上，毛孔粗大根本就不算一种疾病，但面子问题就是大问题。对于毛孔粗大，有其不同的形成因素，针对各自的发生因素去修正才是解决的根本之道。

● 毛孔粗大是怎么造成的？

油脂分泌旺盛是导致毛孔粗大的最常见原因

出油旺盛的皮肤，由于毛囊皮脂腺活跃异常，油脂如"井喷"

般源源不断地生成、分泌，并想方设法从毛孔排出，久而久之毛孔便被动扩张（毛孔粗大），以便能更好地将油脂分泌出去，但如果角质堆积在毛孔处，油脂潴留其中便形成了粉刺（白头），脂质外围接触空气的部分被氧化变黑，就形成了“黑头”。这也是为什么毛孔粗大常伴随黑头粉刺的缘由。而粉刺则是形成痤疮的前提和基础，反复的痤疮及炎症发生也会伤及毛孔及周围皮肤，造成肉眼可见的毛孔粗大，甚至还可以导致痤疮瘢痕（痘坑）的形成。

除改变不了的先天的油脂分泌旺盛，环境污染、精神压力大、焦虑、紧张、过多食用油腻刺激性的食物、作息紊乱、睡眠时间不足等均可导致皮脂腺分泌过多油脂。

“作”也是导致毛孔粗大不可忽视的因素

黑头或白头＋挤痘＋炎症，可以算是导致毛孔粗大的三部曲。无论牵拉、挤压还是抠挠等，这些机械刺激对毛孔及周围皮肤的伤害都非常大，不仅可以造成毛孔扩大，还可能会造成感染，形成永久性的凹陷性瘢痕。

胶原蛋白及其他支撑结构的松弛也是毛孔粗大的重要原因

皮肤老化是个逐渐、缓慢、不可逆的过程，无论自然老化还是由紫外线引起的光老化，真皮结构性支撑，如胶原蛋白、弹力纤维等开始减少，会使皮肤结构变得松弛，支撑力减弱的毛囊及周围组织便会出现松弛性的粗大。

● 毛孔粗大怎么破?

防晒 + 科学护肤是第一步

防晒的重要性毋庸置疑，做好防晒，延缓光老化，是我们在力所能及的范围内对抗衰老最重要的一点。此外，科学护肤，还要避免撕拉、牵扯、抓挠、挤压，别去伤害我们娇嫩的皮肤。在出油旺盛区域加强清洁，但要避免过度，必要时还可以使用含有低浓度维 A 酸及水杨酸、果酸等成分的洗面奶或保湿产品，可以帮助你更好地清除堆积的角质。

有病治病并不是一句骂人的话。

痤疮虽不可治愈，但可控，并且早期干预可避免毁损性的结局发生，如痤疮瘢痕。有些药物的使用不仅可杀菌、消炎，还可以抑制皮脂腺的增生活跃，减少油脂的分泌。但是，一定要在医生指导下使用哦。

良好作息及饮食习惯需要贯穿终身

都说“相由心生”，这里不是指五官，而是皮肤的整体光泽度、水油平衡状态、肤色等。一个人的饮食、作息习惯、精神状态都可以反映在面容上，造成毛孔粗大的其中一点——油脂分泌过度，继而角质堆积，便可由不良饮食习惯、精神压力导致或者加重。

医疗美容可以快速改善毛孔粗大

对于已经扩大的毛孔，或者炎症造成的凹陷性瘢痕，可以采用诸如水光针、微针、强脉冲光、点阵激光、射频，甚至肉毒毒素等医疗美容方法做到外观上的改善。不过医疗美容有治疗风险，建议到正规机构选择有资质的医生进行操作。

● 收缩毛孔的误区

辟谣一：用冷热水交替洗脸可以收缩毛孔

冷热水交替洗脸无法有效收缩及扩张毛孔，过冷和过热的水及迅速变化的温差反而会对皮肤造成一定刺激，甚至导致皮肤屏障的损害，敏感皮肤尤其慎用。

辟谣二：洗脸神器能清除毛孔内的脏东西

目前市面上的洗脸神器主要是通过声波震动或其他技术让洗脸刷上的细毛震动，摩擦皮肤，从而达到清洁和按摩效果，但不管什么工作原理，目的都是为了清除老化角质，去除油脂，弱化皮脂膜，频繁或长期使用可能造成皮肤屏障的受损。故油性皮肤、混合性皮肤可适度但不能频繁过度使用；干性皮肤及敏感性皮肤不建议使用。面膜贴、鼻贴、磨砂膏等同理，其牵拉、撕扯还可能加重毛孔的损伤，加重毛孔的粗大。

毛孔粗大只是一种皮肤表现，也是皮肤问题的体现。认清自己毛孔粗大的类型，并根据其形成原因去纠正及治疗，而非一味追求所谓的“一劳永逸”或盲目去挤压、抠挠，才能从根本上解决问题。

皮肤科医生的护肤课

毛孔粗大虽然不是病，但却困扰了一大批爱美人士。针对毛孔粗大，不要轻信市面上宣称能为你缩小毛孔的这个霜那个贴，这些物理方式无非是靠撕拉及过度清洁去清除毛孔内的角质或脂质物。正确对待、科学护肤，才是解决问题的重点所在。

去黑头方法大比拼

陈语岚

多年以后，当我站在凸面镜前，总会想起体育课结束后我的初中密友带我去操场边上，用水龙头洗把脸的那个下午。那时候我们正值豆蔻年华，脸都很光洁饱满，冷水迅速滑过皮肤，然后我们抬起头来，一个毛孔都看不见。

后来，我们年岁渐长，脸上毛孔变得粗大，鼻子上竟然还布满了黑头!

● 为什么会长黑头?

众所周知，儿童是很少长黑头的。而到了青春期，无论男女，雄激素水平相对升高，在此催化下少年们出现第二性征、快速长个子;同时，我们的皮脂腺受到性激素的刺激，分泌也变得旺盛，我们会开始长黑头。

正常情况下，皮脂层可以防止水分经皮丢失过快，对我们的皮肤有保护作用。但当皮脂分泌过多时，皮脂的成分结构可能发生变化而刺激毛囊口角化、扩张，又或者是丰富的皮脂混合了脱落的角质细胞与外来粉尘，形成角栓，将毛孔撑大。当角栓撑开毛囊口，接触外界氧气时，就可能被氧化而变黑，形成黑头。

脂栓如果足够大，可能撑爆毛囊壶腹部，引起周围组织炎症，这样就变成了红肿的大痘痘。因此，有人说粉刺、黑头，就是未成年的痘痘，这种说法倒也形象。

● 如何战胜黑头？

激素水平变化是成长的必经之路，我们无法逃避，但我们仍可以从其他方面着手改善由此带来的毛孔粗大。

生活中，均衡饮食，补充足够的维生素，对于皮脂分泌正常化、细化毛孔是有所帮助的。其中，维生素 A 可以改善角化过度，B 族维生素可以抑制皮脂分泌过旺，维生素 E 可以抗氧化防衰老……而这些不同的营养物质存在于不同的食品中，偏食可能会使你错过其中一二。

此外，选择适合个体的面部清洗方式，及时清理毛囊内角栓，也可以帮助毛孔缩小。正常情况下，普通防晒霜需要用洗面奶清洁，如果使用了防水防晒霜，或是厚重的彩妆、底妆，可以加用卸妆产品来帮助高效清洁。

至于主动清理黑头的方式，市面上五花八门，到底孰优孰劣，我们这就来对比一下。

针清

所谓针清，就是用粉刺针轻轻刺破毛囊口顶端后，用尾部的圈圈将粉刺挤压出来，清除掉。这个方式风行于各种美容院和自称“专业”的祛痘机构，但其实价值非常有限。首先它并不改变容易长粉刺的皮肤内环境，只是一个被动的手段，其次，反复的手工操作很难保证每次都用力得宜，暴力操作常常导致留下凹陷性的痤疮瘢痕，即所谓的“痘坑”。我一般在药物治疗初期爆痘时，才会建议患者清一两次保持美观，否则不会建议去做。

鼻贴

各连锁护肤品商店中还会出售鼻贴，是一种通过黏附和撕扯的方式物理去除黑头的产品。通常需要用水打湿鼻部皮肤后贴上，等干透后撕扯掉就会看到粘下来很多黑头。如果说挤痘痘这件事是“就算你知道不好，也会因为快感而管不住手”的话，这个小玩意在一瞬间批量带出数十个黑头、粉刺，给人带来的快感真的不是一般的强！但是，遗憾的是，和针清一样，鼻贴也是被动的方式，没有改变容易长黑头的肤质，光指望它是绝不能给黑头“断根”的。

洗脸刷

洗脸刷堪称风靡全球，几乎人手一把，商家宣传中称它可彻底清洁毛囊内部，这其实是夸张了。但是很多人会反馈说用了一段时间洗脸刷，感觉黑头确实变少了、毛孔确实变细了，这个并不是因为把毛孔里面的脏东西洗出来了，而是因为洗脸刷的这种物理磨削的方式，去掉了毛囊口堆积的角质，使得毛囊口不再角化过度，变得畅通了。因此，对于长黑头或者是闭口粉刺的皮肤，一周刷两次是很合适的。

刷酸

这是我特别喜欢的方法！浓度合适的果酸、水杨酸，可以温和地去除多余的角质，并且顺着毛囊开口往下渗透，发挥抗炎、控油的效果，可真正减少粉刺的生成，细化肤质。

果酸和水杨酸，这两者之间的选择要点是：

果酸 是水溶性的，适合全面部多处粉刺、黑头，但没有什么红肿大痘痘的人。

水杨酸 是脂溶性的，主要奔着毛囊、皮脂腺去，并且有抗炎效果，适合皮肤超油或以红肿痘痘为主的人。

当然，如果是严重痤疮，满脸都是很深的结节、囊肿的话，就不是刷酸能解决的了，还要口服一些药物，或者是配合光电手段。

刷酸可以在医院刷，一般以 2 ~ 3 周一次为宜，术后必须依照医嘱，进行保湿、防晒的护理。也可以自行购买一些含有果酸、水杨酸的护肤品，日常使用。一般来说，家用产品的酸，浓度会比医用的低许多，这是为了安全考虑，为了杜绝操作不当引发化学烧伤的可能性。市面出售的正规化妆品中，果酸浓度不得超过 10%，水杨酸浓度不得超过 2%。酸的浓度越低，能到达的位置就越表浅，低于 10% 的果酸基本上只能促进表皮最外层也就是角质层的脱落，对真皮是没有影响的。

尽管如此，还是有一些人群并不适合刷酸，这包括：

——患有接触性皮炎、湿疹等炎症性皮肤病，或皮肤处于敏感状态者；

——局部有单纯疱疹、脓疱疮等感染性疾病者；

——近 3 个月接受过放疗、冷冻及皮肤磨削术者；

——日晒伤、光防护不够及不配合治疗者；

——妊娠和哺乳期妇女；

——果酸、水杨酸过敏者。

可见，去黑头的方式虽多，原理和适用范围却不尽相同，各有讲究。选择得当，可事半功倍；胡为乱信，也可能适得其反。如果你对自己的黑头并无把握，到医院皮肤科问问医生，将专业的事交给专业的人定夺，是对自己更为负责的做法。

皮肤科医生的护肤课

如果皮肤上不仅仅有黑头，还有很多红肿的痘痘，最好还是以药物治疗为先，到只剩下黑头的时候再考虑美容治疗。如果黑头没了，毛孔还是粗大，用点阵激光、射频也是很好的改善方法。医生手里还是有很多法宝的，不妨去咨询一下。

祛斑，一味美白适得其反

徐宏俊

亚洲人以白为美，这似乎是流传了上千年的文化。胖或者瘦，复古或者追随潮流，随着时代更替，审美趋势虽然也在做出相应调整，但肤白一直作为貌美的风向标，未曾有改变。

但人种决定了我们美白的上限，低头看看你很少被太阳晒到，并且很少被摩擦的部位，如上臂内侧的皮肤，这个位置的色号基本就是你最白的程度。

● 美白≠淡斑

我们往往认为美白就是淡斑，包括护肤品的广告中也常把两者并行排列，虽说一些功效性成分确实可以美白，也能淡斑，但美白和淡斑本不是一回事。现有技术的美白，尤其护肤品，只能是从肤色的维度上，只能“预防变黑”或者“将变黑的再白回来”。而较强势的手段直接破坏掉生成黑素的黑素细胞，让其完全失活而形成色素脱失，这样的白会类似于白癜风的白，是局限的、与周围边界清楚分隔开来的白，这样的白想必不是我们想要的。如果说肤色是一片领域，那斑就是属于这块区域里的一小片池塘，这一块区域局限性的色素增加，与周围有着明显的界限和分隔。肤色较深，不代表色斑较重，虽然色斑会更加深你的肤色。

皮肤的肤质和色斑的形成有很深的关系。如雀斑，容易出现在白皙、干燥的皮肤上，多见于肤色较浅的欧美人群，但这一类人不容易长雀斑样痣。黄褐斑往往多见于皮肤光洁和头发浓密及好发雀斑样痣的人群。

如果说美白化妆品对皮肤的作用是整体肤色的提亮，对于特定的斑却显得很鸡肋，反而会有种“脸变白了，斑却更黑了”，因为在周围皮肤变白的映衬下会显得色斑的颜色更深、更为明显。甚至有的斑在化妆品功效性成分，如酸类或部分抗氧化成分对皮肤的刺激下，以及各种美白措施，如激光或刷酸的干预下还可能会越来越重，如黄褐斑。

● 分清楚色斑的种类，才能更好地“对症下药”

色斑的区分来源于各自形成机制的区别，色斑的形成都会有色素的增加，色素的生成又来源于表皮中的黑素细胞。如果黑素细胞增多了或者数量没多但活性增强了，都会导致生成的黑素增多，而黑素是在表皮增多还是由于各种原因所致的在真皮沉积增多，这些都是区分各种斑的重点所在。面部常见的色斑有雀斑、黄褐斑、炎症后色素沉着及脂溢性角化病（老年斑）、太田痣、颧部褐青色痣、咖啡斑等，在此就不多赘述了。

雀斑

雀斑多在学龄期发生，多见于白色干燥性肤质人群，像芝麻粒一样零散分布在面颊、下眼睑、鼻根部位，有遗传倾向，女性多见，且由于妊娠期间症状加重，提示可能与性激素有关。同时，日晒可以导致病情加重。护肤品对雀斑效果欠佳，激光、光子对雀斑的治疗非常有效，但复发率较高。

黄褐斑

黄褐斑是所有斑中治疗最为困难的一种斑，不仅治疗困难，复发也相当容易。黄褐斑在中年女性中非常常见，也被称为“肝斑”。黄褐斑病因尚不清楚，目前明确的是遗传因素、紫外线照射、激素水平紊乱及系统疾病等都与黄褐斑的发生有关，有观点认为，过度的慢性刺激（揉搓）所造成的皮肤屏障破坏在黄褐斑的发生中起到了决定性的作用。因而各种激光治疗并非黄褐斑的首选，能量过高可能会导致黄褐斑的加重。而外用药物治疗也非常困难，一些淡斑类药物或化妆品可能在短期内能淡化黄褐斑，但对皮肤的再一次刺激可能会导致黄褐斑复发并加重。目前黄褐斑的治疗多是综合治疗，结合口服及外用，必要时选用激光治疗。

炎症后色素沉着

面部常见的炎症后色素沉着的诱因有毛囊皮脂腺疾病，如痤疮；面部其他炎症性疾病，如脂溢性皮炎或特应性皮炎；以及日晒、药物等。大部分炎症后色素沉着是一过性的，当诱因去除，炎症缓解，色素沉着就会逐渐消失。也有部分特殊原因，如较严重的外伤、烧伤后可能遗留长期的色素沉着。现代社会，化妆品的使用导致的接触性皮炎，无论刺激性还是变态反应性，所引起的炎症后色素沉着也占了相当一部分比例，避免诱因、去除诱因，绝对是预防及治疗的重中之重。

脂溢性角化病（老年疣）

说起老年疣，很多年轻人会不乐意了，虽说与长年累月紫外线照射相关，但这个疾病并不止发生在老年人身上，很多人三十岁出头便可以发生，故现在多使用脂溢性角化病这个标准病名。随着年龄增长，脂溢性角化病便是面部最为常见的色斑，并且有缓慢扩大、颜色加深，甚至逐渐增厚的倾向。由于其实质上是表皮良性的增生性肿瘤性改变，治疗非常干脆直接：临床常使用激光或液氮冷冻消除。

斑的性质决定了治疗的方案，美白产品的使用对于部分色斑可能在一定程度上能缓解，但对大多数的斑起不了太大作用，甚至还可以导致部分斑（如黄褐斑）的加重。在诊断和治疗方面，需以医生建议为主，避免盲目使用产品。由于日晒会诱发各种色斑的产生，对已出现的色斑，还会使其进一步颜色加深、加重。无论哪种斑，防晒都非常重要。

皮肤科医生的护肤课

冰冻三尺非一日之寒，色斑的形成也并非一朝一夕，除了一些跟遗传相关的色斑，大部分的色斑还是源于日常护理做得不到位，比如，防晒不够或不正确的护肤方式，以及过度揉搓、抠挠等。对于色斑，首先是防，其次才是控。

敏感性皮肤需避免的几种成分

钟　华

● 小测试：你是敏感性皮肤吗？

Q1.　脸上会出现红色痘痘吗?

A. 从不　　B. 很少

C. 至少一个月出现一次　　D. 至少每周出现一次

Q2.　使用护肤产品（包括洁面、保湿、化妆水、彩妆等）会引发潮红、痒或是刺痛吗?

A. 从不　　B. 很少

C. 经常　　D. 总是如此

E. 我从不使用以上产品

Q3.　曾被诊断为痤疮或玫瑰痤疮吗?

A. 没有　　B. 没去看过，但朋友或熟人说我有

C. 是的，但症状不严重　　D. 是的，而且症状严重

E. 不确定

Q4.　如果你佩戴的首饰不是纯金或纯银，皮肤会起疹子吗？

A. 从不　　B. 很少

C. 经常　　D. 总是如此

E. 不确定

Q5.　防晒产品会使你的皮肤发痒、灼热、爆痘或发红吗？

A. 从不　　B. 很少

C. 经常　　D. 总是如此

E. 我从不使用防晒剂

Q6.　曾被医生诊断为特应性皮炎、湿疹、接触性皮炎或过敏性皮炎吗？

A. 没有　　B. 朋友或熟人说我有

C. 是的，但症状不严重　　D. 是的，而且症状严重

E. 不确定

Q7.　佩戴戒指会使你的皮肤发红吗？

A. 从不　　B. 很少

C. 经常　　D. 总是发红

E. 我不戴戒指

Q8. 芳香泡泡浴、按摩油或是身体乳会令你的皮肤爆痘、发痒或感觉干燥吗?

A. 从不　　B. 很少

C. 经常　　D. 总是

E. 我从不使用这类产品（如果你不使用的原因是因为会引起以上的症状，请选 D）

Q9. 使用酒店里提供的香皂洗脸或洗澡会出现皮肤问题吗?

A. 是的　　B. 大部分时候没什么

C. 我会长痘或发红、发痒

D. 我可不敢用，以前用过后总是不舒服

E. 我总是用自己带的这些东西，所以不确定

Q10. 你的直系亲属中有人被诊断为特应性皮炎、湿疹、气喘 / 过敏吗?

A. 没有　　B. 据我所知有一个

C. 好几个

D. 数位家庭成员有局部性皮炎、湿疹、气喘 / 过敏

E. 不确定

Q11. 使用含香料的洗涤剂清洗，以及经过防静电处理和烘干的床单时：

A. 皮肤反应良好　　B. 感觉有点干

C. 发痒　　D. 发痒、发红

E. 不确定，因为我从不用这些东西

Q12. 中等强度的运动后、感到有压力或出现生气等其他强烈情绪时，面颈部会发红吗？

A. 从不　　B. 有时

C. 经常　　D. 总是如此

Q13. 喝过酒精饮料后，脸会变红吗？

A. 从不　　B. 有时

C. 经常

D. 总是这样，我不喝酒就是因为这个

E. 我从不饮酒

Q14. 吃辣或热的食物 / 饮料会导致皮肤发红吗？

A. 从不　　B. 有时

C. 经常　　D. 总是这样

E. 我从不吃辣（如果不吃辣是因为怕皮肤发红请选 D）

Q15. 脸和鼻子的部位有多少能用肉眼看到的皮下毛细血管（呈红色或蓝色），或者你曾经为此做过治疗？

A. 没有

B. 有少量（全脸，包括鼻子有 1 ~ 3 处）

C. 有一些（全脸，包括鼻子有 4 ~ 6 处）

D. 很多（全脸，包括鼻子有 7 处或以上）

Q16. 从照片上看，你的脸发红吗？

A. 从不，或没注意有这样的问题

B. 有时

C. 经常

D. 是这样

Q17. 是否有时人们会问你是不是被晒伤了或过敏了之类的话，而其实你并没有？

A. 从不　　B. 有时

C. 总是这样　　D. 我总被晒伤（这可够糟糕的！）

Q18. 你有因为涂了彩妆、防晒霜或其他护肤品出现皮肤发红、发痒或面部肿胀的经历吗？

A. 从不　　B. 有时

C. 经常　　D. 总是这样

E. 我从不用这些东西（如果不用是因为曾经发生过以上症状，请选 D）

分值：选 A 得 1 分，选 B 得 2 分，选 C 得 3 分，选 D 得 4 分，选 E 得 2.5 分

注意：如果你曾被皮肤科医生确诊为痤疮、红斑痤疮、接触性皮炎或湿疹，请在总分上加 5 分；如果是其他科的医生（如内科医生）认为你患了上述病症，总分加 2 分。

你的得分是：__________

如果你的得分为 34 ~ 72，属于非常敏感的皮肤。

如果你的得分为 30 ~ 33，属于略为敏感皮肤。

如果你的得分为 25 ~ 29，属于比较有耐受性的皮肤。

如果你的得分为 17 ~ 24，属于耐受性很强的皮肤。

注：以上题目节选自鲍曼皮肤分型，由曾相儒医生翻译。

● 什么是敏感性皮肤？

专业版解答 敏感性皮肤（sensitive skin）特指皮肤在生理或病理条件下发生的一种高反应状态，主要发生于面部，临床表现为皮肤受到物理、化学、精神等因素刺激时皮肤易出现灼热、刺痛、瘙痒及紧绷感等主观症状，伴或不伴红斑、鳞屑、毛细血管扩张等客观体征，对普通化妆品不能耐受。应当指出，敏感性皮肤并非一种独立的

疾病，而是具有相同和类似表现的症候群。

白话版解答 皮肤经常出现红、烫、痒、刺痛、干燥，对温度和情绪变化敏感，许多护肤品都不能用。

● 敏感性皮肤是如何形成的？

皮肤屏障受损

皮肤表面有一层皮脂膜，是由皮脂腺里分泌出来的油脂、角质细胞产生的脂质、汗腺里分泌出来的汗液和脱落的角质细胞经过低温乳化，在皮肤表面而形成的保护膜。皮脂膜 pH 通常维持在 5 ~ 6，呈弱酸性的状态。这层膜的作用是阻挡皮肤里水分的蒸发，以及外界刺激因素进入皮肤。可是，这层膜也非常容易被破坏（图 4-1），比如，紫外线、清洁剂、酒精，以及含有果酸、水杨酸、维甲酸和激素的药膏都能轻松毁掉它。这些因素都可以引起角质层变薄，表皮细胞间脂质成分配比发生变化（神经酰胺显著降低，而神经鞘脂增加），这样一来，经表皮水分丢失量增加，外来刺激物和过敏原也易于透皮而入。我们的皮肤则会变得干燥、敏感，这是敏感性皮肤形成最重要的机制，所以，保护好皮脂膜对皮肤健康至关重要。

图 4–1 受损的皮肤屏障

破坏皮脂膜的常见误区 TOP3：去角质、过度清洁（包括使用洁面仪）和不防晒。

炎症性皮肤病也可破坏皮肤屏障，特应性皮炎和玫瑰痤疮是引起皮肤敏感最重要的两个皮肤病。如果您自己不能识别，最好先请皮肤科医生诊断，对症治疗才能改善皮肤敏感状态。

此外，包括含维甲酸、果酸、水杨酸等刺激性成分的化妆品也能直接破坏皮肤屏障，光敏食物可能通过增加皮肤对紫外线的敏感性间接引起皮肤屏障损伤，情绪压力等可能通过复杂的神经内分泌免疫网络影响到皮肤，使之成为敏感性皮肤。

● 敏感性皮肤的护理建议

建议简化护肤步骤，能三步完成最好。

清洁

频次：1 ~ 2 次 / 天

水温：35 ~ 37℃

洗面奶：建议仅用清水洁面，避免使用磨砂洗面奶和泡沫丰富的洗面奶。

洁面仪：不建议使用。

保湿

按保湿效力从弱到强排列，依次是啫喱、乳液、霜和软膏。啫喱是最清爽的水性配方，适合油性皮肤或炎热的季节。霜的保湿力度更强，更适合干性皮肤或干燥的环境。对于一些极度干燥的皮肤，比如，鱼鳞病、特应性皮炎患者的皮肤，甚至可以直接使用凡士林软膏来进行强效保湿。保湿剂中的仿生脂质，比如，神经酰胺、鞘磷脂和游离脂肪酸可发挥深层锁水功效，且不易过敏。需要注意的是，一些宣传温和的“纯天然”“纯植物”物质由于成分复杂，引起过敏的风险更高，敏感性皮肤不宜使用。

防晒

想要皮肤延缓衰老、减少皱纹和色斑，防晒是非常重要的，但它可不只是夏天才做的护肤项目，全年都应该注意防晒，遮阳帽、长袖衣和防晒霜是标准配置。其中防晒霜又分为物理性防晒霜和化学性防晒霜。下面看看两者的区别。

● 物理性防晒霜

原理：通过反光粒子在皮肤上形成防御屏障，避免紫外线直接伤害皮肤。

看到含有二氧化钛和氧化锌成分的防晒霜多数是物理性防晒霜，氧化锌在皮肤科可用来治疗湿疹、皮炎等疾病，也可以用于眼周等皮肤敏感处，所以以这种防晒剂为主的产品，无刺激，比较安全，适合敏感肤质使用。同时它的防晒谱比较广，防晒能力比较强。

物理防晒霜使用的折光粒子不需要吸收，对皮肤的负担会比较小，随着技术的升级，现在的粒子比之前细腻很多，适合容易过敏的人群。

● 化学性防晒霜

原理：就是用化学物质与细胞结合，达到吸收某部分波长的紫外线效果。

化学防晒需要皮肤细胞吸收，所以要在涂抹 20 分钟后才能发挥作用，但有些人对某成分（对氨基苯甲酸、苯甲酮、肉桂酸盐、水杨酸盐）过敏的可能性大。因为很多物质对紫外线的吸收波长范围不够广，一般要几种化学物质共同作用，才能吸收掉大多数伤害皮肤的紫外线。

很显然，从理论上讲，貌似皮肤不吸收的物理防晒剂更高级。是的，也的确如此，纯物理防晒的确对皮肤影响最小。但是，物理防晒剂有个很大的缺点，就是用了以后脸上就像刷了一层白色乳胶漆，厚重！ 而化学性防晒霜比较轻薄、服帖、通透。

敏感性皮肤并非绝对不能用化学性防晒霜，但最好避开一些容易刺激皮肤的成分，比如，对氨基苯甲酸、苯甲酮、肉桂酸盐、水杨酸盐等。

护肤过程中，除了上面三步，很多人还习惯使用具有“除皱”“美白”功效的护肤品，而这些产品中常添加的维甲酸、高浓度烟酰胺和维生素 C 等成分，并不适合于敏感性皮肤使用，所以建议等皮肤敏感状态修复以后再用。

皮肤科医生的护肤课

如果你经常出现面部皮肤红、烫、痒、刺痛、干燥，对温度和情绪变化敏感，许多护肤品都不能用的情况，那很可能是敏感性皮肤。这时候需要先明确原因，排除一些炎症性皮肤病。居家护理时，注意要温和清洁、充分保湿、严格防晒。

脂溢性皮炎，需用特殊的洗护用品

徐宏俊

人到中年，因为身形不受控，形象不重视，谈吐不文雅，被划定为“油腻”。那还有一类人，或许还没到中年，却因为鼻唇沟两侧常常出现油油的、红红的、带有鳞屑的，甚至还有结痂的这么一种皮肤状态，也被称作“油腻”。严重者不止鼻唇沟，眉间、耳郭、头皮、胸背、腋窝等这些皮脂分泌比较旺盛的部位（皮脂溢出部位）也可以发生。这种疾病吧，说痒也不是太痒，也不影响其他脏器，但就是反反复复在上述部位发生，尤其在面部，那可是极大地影响着外观形象及心理健康，这就是——脂溢性皮炎。

● 不单成人，婴儿也可以发生脂溢性皮炎

脂溢性皮炎一般在两个年龄阶段容易发生，青春期后的成人及婴儿。婴儿的脂溢性皮炎往往在出生后 2 周发生，一般持续几个月后可自行缓解，主要在头皮、眉间及尿布区域容易出现，往往表现为厚厚的黄色痂皮，就是俗称的“乳痂”。

● 你的头皮屑可能就是脂溢性皮炎

脂溢性皮炎除面部，头皮也是个经常好发的部位。头皮屑可能有很多种原因，而其中脂溢性皮炎便是引起头皮屑的最为常见的原因。

发生在头皮的脂溢性皮炎可以很轻微，仅表现为小的细碎的头皮屑，也不怎么痒，往往也被称为头皮糠疹，严重一点头皮可以发红，鳞屑增多、增大，再严重些头皮炎症较重，出现大片皮屑，瘙痒较显著，甚至出现渗液。脂溢性皮炎的头皮基底比较红，需要与头皮银屑病区分开来。

● 脂溢性皮炎一定是油脂分泌旺盛所致吗？

脂溢性皮炎，顾名思义，是好发在油脂溢出部位的浅表的炎症性疾病，目前具体发病原因尚不完全明确，但目前认为一是与皮脂分泌相关；二是与糠秕马拉色菌相关。

皮脂分泌部位好发并不代表一定与皮脂分泌旺盛有必然的联系。在临床上我们发现，很多皮肤大油田不管怎么分泌皮脂也不容易发炎，而有的发生在头皮部位的脂溢性皮炎也可以比较干燥，因而皮脂分泌只是其中一个促发因素。目前研究认为，皮脂的成分异常可能才是与脂溢性皮炎发生更为相关的因素。

糠秕马拉色菌这个常见的皮肤表面的定植菌，也在脂溢性皮炎的发病中起到重要的作用。虽然针对糠秕马拉色菌的治疗会让脂溢性皮炎明显好转，但已有研究认为脂溢性皮炎患者的糠秕马拉色菌数目并不明显高于其他人群，目前认为脂溢性皮炎并非糠秕马拉色菌的过度繁殖所致，而是与人体对该菌的异常反应有关。

并且，还有一部分特应性皮炎患者的头皮和面部，也可以表现为脂溢性皮炎的形式。

另外，免疫功能缺陷（如 HIV 感染）、一些自身免疫性疾病（如家族性慢性良性天疱疮）、神经系统性疾病（如帕金森氏病）及遗传性疾病（如唐氏综合征）中脂溢性皮炎也常见，提示存在易感人群。

精神压力、紧张的情绪、抑郁、维生素 B 族的缺乏、化学刺激、肥胖、不良饮食结构、嗜酒，甚至一些药物，如锂剂、灰黄霉素等也会对本病有一定影响。

● 脂溢性皮炎可以治愈吗？

目前脂溢性皮炎无法根治，也没有一劳永逸的办法，虽说在一定时间内容易反复发作，但好在对身体健康没有其他的影响，我们也可以采取各种手段来控制。

针对两大发病机制，抗炎和抑菌便是我们的治疗重点。如果炎症加重，如发红明显、鳞屑较多、瘙痒显著的，可以短期使用糖皮质激素外用来控制炎症，后续可逐步替换为非激素的药物，如钙调磷酸酶抑制剂（他克莫司、吡美莫司或吡硫翁锌等）。针对糠秕马拉色菌，可以外用抗真菌的药物酮康唑类，头皮或前胸、后背可以加用含有抗真菌成分的洗浴用品，如二硫化硒洗剂，2% 酮康唑洗剂等，必要时还可以加用口服药物。但上述药物建议在医生指导下进行。

由于婴儿的脂溢性皮炎瘙痒不明显，不影响进食及睡眠，且有明确的自限性，大多数在 3 个月后自愈，只要家长不焦虑，可静待其自然消退。也可外涂润肤油帮助痂壳软化，不过要避免使用富含油酸的植物油成分，如橄榄油、香油等，因为可能会进一步破坏局部皮损的皮肤屏障，从而加重脂溢性皮炎。比较严重的也可以使用抗真菌药物，如酮康唑乳膏，或者外用抑制糠秕马拉色菌的药物，甚至使用弱效糖皮质激素抗炎。

● 患了脂溢性皮炎，生活中有哪些注意事项？

由于精神情绪因素、压力、饮食及作息等均在一定程度上影响着脂溢性皮炎的发生发展，故生活中建议少进食油腻和高 GI 食物，饮食要均衡，保证睡眠，保持精神愉悦，情绪不要过度波动，戒烟限酒。此外，头皮患了脂溢性皮炎还要避免局部机械性刺激，如抓挠等，以及烫染头发等化学刺激。目前研究认为，脂溢性皮炎患者皮肤屏障是有损害的，如果面部患有脂溢性皮炎，适当使用一些清爽的保湿霜，并注意晒霜，对其恢复会有一定的帮助。

皮肤科医生的护肤课

大部分时候人们所说的“头皮屑”，就是脂溢性皮炎，可见这个疾病的发病率有多高。虽说是疾病，其实我们在家里是可以有效控制的，方法包括良好的生活饮食习惯及放松愉悦的心境。此外，很多洗浴用品也含有针对糠秕马拉色菌的成分，如含有二硫化硒、煤焦油、水杨酸、酮康唑、吡硫翁锌等，动手搜一搜，市面上类似的产品其实不少。

特应性皮炎，避免润肤剂中的致敏成分

徐宏俊

对于最常见的皮肤病，我们听得最多的是“湿疹”。其实，在临床上说句“湿疹”，就类似于没有分类的垃圾桶。因为多种内外因素作用下导致的一系列具有多形性、渗出性、瘙痒性、复发性等类似表现的慢性炎症性疾病都可以称为 “湿疹”。而如果明确的病因被发现或符合某些特定的特征性表现的，又会逐步从“湿疹”中抽离出来，成为独立的疾病，获得自己专有的名字，如接触性皮炎、特应性皮炎。

特应性皮炎便是这么一种从湿疹这个未定性的“垃圾桶”中具体划分出来的，具有和遗传过敏素质相关的特殊类型湿疹。所谓的遗传过敏素质，是指个体具有来源于遗传的过敏体质，除了皮肤的表现，还可能伴发其他器官的过敏性疾病，如过敏性鼻炎、哮喘、过敏性结膜炎等，只不过不同器官表现出症状的时间有先有后，可以认为皮肤就是个体过敏体质所反映出来的其中一个器官表现（皮肤可是人体最大的器官哦）。而追溯到父母、祖父母等直系亲属，一般可以找到他们中的部分人也有类似过敏病史。

目前认为遗传因素、皮肤屏障功能、免疫因素、环境等因素相互作用，是导致特应性皮炎发生的主要原因。

因而你所认为的湿疹，或许就是特应性皮炎，尤其对于婴幼儿头面部的湿疹，许多本质上可能就是特应性皮炎的婴儿期表现。这些孩子中，随着年龄增长，有近一半可在学龄期得到缓解，但部分孩子会反复发作直至成年。

● 特应性皮炎长什么样？

特应性皮炎是慢性病，可以贯穿一个人的一生，但每个阶段表现可能会有一些差别。婴儿期主要表现为面颊部、额部及头皮等部位的红斑、丘疹、水疱等，比较严重的可以在四肢伸侧出现，由于瘙痒剧烈，常搔抓致急性渗出。2 岁到青春期这个阶段属于儿童期，这时随着反复发作的时间延长，皮肤上多以慢性粗糙、增厚的表现为主，比如，丘疹、斑块，而且部位主要为双手、足、腕、踝及腘窝等。到成人期，主要表现也是慢性的鳞屑性红斑、丘疹、斑块，以及肥厚的苔藓样改变，色素沉着可能比较明显，皮肤干燥，主要累及皱褶部位、面、颈、上肢、背部、手足等。

除了上述表现，特应性皮炎还可表现为痒疹样、脂溢性皮炎样、神经性皮炎样，汗疱疹样，等等，表现多种多样，十分复杂。

● 患了特应性皮炎，需要查过敏原吗？

很多得了特应性皮炎的患者或家长都寄希望于找到疾病发生的

“元凶”，从而根治疾病。可惜，虽说特应性皮炎与遗传过敏素质相关，但其实过敏在特应性皮炎的整个发生发展过程中的作用机制非常复杂，很难单纯从避免过敏原的方式来控制疾病的发生。

牛奶、鸡蛋等食物过敏可能是婴儿期特应性皮炎的诱因，但半数以上的小患者会在 5 岁前缓解，而成人很少与食物相关。而现有的过敏原检测也只能发现患者是否存在与 IgE 相关的食物或吸入性过敏原，而且实验阴性的意义比阳性的意义更高，结果是阴性基本可排除相应过敏原，而阳性却不一定，尤其食物检测必须结合实际接触后是否加重的具体表现才能判定，因而盲目忌口没有必要。

目前认为，镍过敏在特应性皮炎中较普遍。

● 患了特应性皮炎，日常护理应该怎么做？

遗传因素我们不可避免，帮助皮肤屏障的恢复便是我们对皮肤护理的重点。很多特应性皮炎反复发作，且皮疹较重，多与皮肤保湿护理不够、有特定过敏原没有回避，以及用药不规范有关。

保湿是每个阶段的特应性皮炎患者都需要重视的基础护理工作，保湿不仅可缓解干燥带来的不适感，还有助于皮肤屏障的修复。很多家长认为湿疹就是皮肤太湿了从而忽略了保湿，或者仅仅依托于药物来治疗。其实从出生起，尽早使用保湿剂可减少和推迟特应性皮炎的发生。而对于已经患有特应性皮炎，无论是儿童还是成人，应足量多次使用润肤剂来保湿。但润肤剂的选择上，除了避免使用香精、香料、防腐剂，还应避免使用含有花生或燕麦成分的润肤剂，因为它们可能增加致敏的风险。在发生感染时需额外加用抗感染治疗以避免感染扩散，造成病情加重。擦润肤剂的程度根据每个特应性皮炎的儿童及成人皮肤干燥程度不一而不同，原则是涂到皮肤不干燥为度。国外有研究提出对于中重度特应性皮炎儿童每月使用润肤剂的量应达到 400 ~ 500 克。另外，避免温湿度的剧烈改变，避免穿着粗糙的衣服材质也在日常护理中非常重要。

洗澡不会加重特应性皮炎，洗澡还可以清除汗液及组成物，并可洗去皮肤表面过敏原，如粉尘、花粉及微生物。但正确的洗澡方式很关键，首先建议有限度地使用非皂基类的清洁剂，清洁剂应选择 pH 中性或弱酸性的、无香精的，冲洗即可，时间约 5 分钟，水温不能过高，一般 32 ~ 38℃，洗澡后及时使用润肤剂，改善皮肤水合作用，避免水分丢失加重皮肤干燥。

● 正确认识激素，科学使用激素

激素的全称为糖皮质激素。外用药物是最基本也是最直接的治疗，也是皮肤病治疗的长项。在皮肤外用药物中，有相当一部分就是糖皮质激素。在我国，许多人还是有谈激素色变的现象。应当说，当糖皮质激素（以下简称激素）使用不当时如长期使用确实可引起一些不良反应，如皮肤萎缩变薄、色素沉着、毛细血管扩张等，还可以诱发毛囊炎及真皮纤维断裂等。但大部分不良反应都是长期大剂量不规范使用所致，甚至有时疾病的反复加重也与骤停激素相关。

无论国内、国际指南还是具体临床实践中，激素都是特应性皮炎的一线治疗方案。尤其急性期及皮疹进展较快、较严重的时候，激素往往是治疗首选。当疾病得到控制时，可逐步替换为非激素药膏，不能骤然停药，这对控制病情、减少复发非常重要。

皮肤科医生的护肤课

特应性皮炎不可怕，怕的是使用成分不明的各种药膏。要用激素我们就要用得清清楚楚，明明白白。而有些起效迅速，又标榜自己“纯天然”“不含激素”“纯中药”的药膏，大多是偷偷添加了强效糖皮质激素才起到如此“神奇”的疗效。

防日晒伤，看 SPF 和 PA 数字

徐宏俊

阳光普照大地带来光亮，赋予世间万物生机与活力，但同时，阳光也可以使我们的皮肤老化（光老化），把我们晒黑，甚至可以把我们晒伤。

当皮肤过度暴露于紫外线辐射（ultraviolet radiation, UVR，紫外线辐射可来源于自然日光光源，也可以来源于人造光源），可以产生一过性的炎症反应，这种炎症反应或急性或迟发性，这便是日晒伤（sunburn）。

以下我们以日光造成的日晒伤作为重点讨论，人造光源引起的日晒伤同理可证。

日晒伤的症状，轻则有日晒部位皮肤发红、灼热疼痛感、皮肤发烫；重则有肿胀、水疱、剧烈疼痛的红斑，甚至出现全身症状，如发热、头痛及恶心、呕吐等不适。红斑为最初始的反应，一般出现在日晒后 3 ~ 5 小时，12 ~ 24 小时达到高峰，多数情况下在 3 ~ 7 天消退。水疱提示浅Ⅱ度灼伤，偶可至深Ⅱ度，水疱一般在 7 ~ 10

天就愈合且不易形成瘢痕。而日晒伤后 4 ~ 7 天可看到局部有脱屑和皮肤变黑。

是什么形成了日晒伤？

穿透大气层进入地面的紫外线波段中，UVB 虽然最少，只占 5%，却是引起日晒伤的主要波段，因此，在 UVB 最强的地段和时段最易引起日晒伤，比如，赤道附近或温带夏季的 10：00 ~ 16：00。

冬天是否就不会被晒伤呢？其实，由于人们在冬季普遍防晒措施做得不足，加之身处遍地皑皑白雪的北方或水域较多的区域，肤色及发色较浅，使用或食用了某些可增加皮肤光敏性的药物或食物，都更容易增加日晒伤的风险。欧美人群及其他具有浅色皮肤、蓝眼、红色或金色毛发的人群是极易发生日晒伤的个体。这种对日晒易感性的增加也是皮肤癌（黑素瘤和部分非黑素瘤疾病）风险增加的标志。另外，有研究认为，潮湿的皮肤（包括出汗）比干燥的皮肤更易产生红斑。

避免日晒伤非常重要

除了日晒伤后一过性的炎症改变及可能对生活、美观的影响，强调避免及预防日晒伤还主要因为强烈的紫外线可以造成视力障碍、白内障等眼部疾病，以及引起皱纹、色斑、肤质改变、胶原蛋白的流失等一系列皮肤老化症状。同时，容易发生日晒伤的人群出现皮肤癌的概率更高，其中包括一种非常严重类型的皮肤癌——黑素瘤。

因而，避免日晒伤并不是一句口号。

出现日晒伤有什么急救措施？

日晒伤一旦发生，需要尽可能减轻皮肤的炎症、缓解疼痛和不适感。以下小技巧你值得拥有。

1. 行冷湿敷治疗：具体操作是以干净纱布或小毛巾折叠一定厚度，用凉水浸湿（若皮肤未破坏，冷开水、自来水均可，冰箱冷藏室 3 ~ 5℃的水更佳），轻拧至不滴水，湿敷于日晒伤处，可每隔数分钟更换并继续湿敷。若发生部位为四肢肢端，甚至可以用冷水浸泡。此举目的是尽可能地降低表皮温度，减轻皮肤的炎症。

2. 多饮水，补充日晒后造成的水分丢失。

3. 皮肤未破溃的部位湿敷后可以用温和的润肤霜轻柔外涂。

4. 完整皮肤可以适当使用炉甘石洗剂或涂以芦荟为基础的凝胶，但需注意有部分人可能会因为使用芦荟后引起接触刺激反应。

5. 若疼痛显著，可口服非甾体抗炎药，此类药物有布洛芬或对乙酰氨基酚等，可缓解日晒伤引起的炎症及疼痛。

6. 若出现水疱，尽量保持水疱的完整性，水疱破裂也不要去撕除疱壁，可以用肥皂水或生理盐水小心清洗，并以无菌的辅料，如纱布覆盖，尽早至医院行相应治疗。

7. 若出现广泛性水疱、疼痛剧烈、发热、头痛、呕吐及脱水等症状，需立即至医院就诊。

如何有效避免日晒伤？

避光、硬防晒防护及涂防晒霜是避免日晒伤的要点。避免日光最强的时段外出，尽可能找寻阴凉处避免光照。若无法避免，防晒霜抹起来，注意及时补涂，并以遮阳伞、长袖衣裤、宽檐帽等硬防晒防护起来。需注意颈后、头皮、耳郭为防晒容易忽略区域，同样需要加强防护。

● 防晒霜的正确使用方式

根据场景，选用不同防晒参数

暴露部位均需涂抹防晒霜，特别注意颈后、耳郭、口唇等易忽略部位。一般室内选择 SPF15/PA+ 以内的产品。室外若是在阴天或阴凉处活动，选择 SPF15 ~ 25/PA+ ~ ++ 的产品。阳光下活动，至少 SPF25/PA++ 以上起步。在炎炎夏日、雨雪天、高原等紫外线较强情形下，选择 SPF50+/PA++++。如若涉及出汗及下水等，需选择具有防水抗汗标识的产品。

涂抹时间、涂抹量及补涂

为让防晒霜充分成膜发挥作用，至少在出门前 15 分钟涂抹产品。由于部分化学防晒剂会随日晒分解失去防护能力，也会因出汗、擦拭等一系列不可抗拒因素而降低防护作用，建议防晒霜每隔 2 ~ 3 小时重复涂抹。涂抹量大约以全面部一元硬币大小为衡量标准，若防晒产品质地稀薄，如乳液或喷雾，涂抹量还需更多。

● 儿童如何避免日晒伤？

对于小于6个月的婴儿，美国儿科协会建议应避免阳光直接照射，以穿戴防护衣物（硬防晒）为主。6 个月至 2 岁仍然以衣物遮盖为主要防晒措施，也可以用 SPF10/PA+ 以内的物理性防晒产品辅助防晒，以霜剂或粉质产品为宜。禁止 18 岁以下青少年使用晒黑产品。

皮肤科医生的护肤课

日光浴听起来很美好，但你所需要承担的风险却很大，除了晒黑，还可能晒伤、晒老，最主要还可能引起皮肤肿瘤的发生。防晒是需要贯穿终身的，你需要的不仅是防晒的意识、选择适合你自己的防晒方式，还需要学会如何应对晒伤。

第五章

用好医疗美容，为容颜上个保险

水光针风靡背后的乱象

陈语岚

要说风靡范围最广的单个美容项目，水光针可能榜上有名，自20世纪50年代被发明开始，它已经风靡了大半个地球了。坊间传闻打一次水光针可顶几千次面膜，真的有那么神奇吗？

● 水光针本是个好东西

我们知道，皮肤分为真皮和表皮，表皮的最外层是角质层，这是一层由没有细胞核的死细胞组成的皮肤外墙，死细胞之间有皮脂，皮脂像灰浆连接水泥一样把死细胞连接在一起，最外面还有一层全是油脂的皮脂膜，像泥子一样包在外面。这个就是我们的皮肤屏障。

这个皮肤屏障的存在，为我们抵挡了很多外界刺激、过敏原，也减少了水分经皮丢失。但是屏障的存在同时又给我们带来了一个麻烦：你想让皮肤吸收点什么，也不一定吸收得进去，可能就被挡住了。

但是好多东西，你非得要给到真皮层，才能发挥效果。我们都知道透明质酸是个好东西，对吧？它是我们真皮层本来就有的东西，可以抓住 40 倍于自身体积的水分，堪称保湿中的战斗大蚂蚁。从外界补充进去，也是可行的，但是涂在皮肤表面的话，基本上只是在皮肤表面成个膜，当时给你保保湿，洗把脸就没了，要长久，就得想办法放到真皮层里。但是经皮吸收呢，就只有 3 个途径：

——走细胞间脂质，那你必须得是脂溶性的；

——直接从一个细胞渗透到另一个细胞，那你必须分子量超级小；

——走毛囊、汗腺，那最后基本上也就是在毛囊、汗腺周围富集，不太广泛作用于整个上皮。

透明质酸一个都不符合。而且它也不是唯一一个“好可惜啊”的东西，还有一些治疗脱发、瘢痕的药物，也迫切需要被送到皮肤深部才能发挥效果。所以大家就开始考虑透皮给药这个事情了。

水光针，就是一种有效的透皮给药方式。

● 剑走偏锋的推广方式

最早把水光针这个透皮给药方式发明出来的，是一位法国医师。1952 年，Michel Pistor 博士首次提出了中胚层疗法这个概念。有点尴尬的是，Pistor 博士实际上的老本行是琢磨疼痛治疗和血管疾病的。但是这个不重要，英雄不问出处，伟哥一开始也是治心脏病的呢。无论如何，Pistor 博士采用了多点皮下 / 皮内注射药物的方式，用他自己总结的概要说就是“小剂量，多点，在适当的层面”，这样实现了透皮给药。

简单点讲，就跟我们去医院吊瓶之前做皮试是一样的，只不过是一脸皮试。但是这样说出来就很不时尚，没有那种专业范和创新感，大家能明白那种感觉吗？所以 Pistor 博士就创造了“中胚层疗法”这一术语。原文是 mesotherapy，源自希腊语，mesos 是“中间”或“中层”的意思，therapia 则意为“（医用的）治疗”。

哇，“中胚层疗法”！你这个文案简直就是在撩拨人们的心弦，商家看了根本把持不住。那这个说法是怎么来的呢？其实也很简单，从组织胚胎学的角度，我们的表皮是从外胚层发育过来的，真皮是从中胚层发育过来的，那现在不是强调穿过了表皮直接打到真皮嘛，所以这个说法好像也有道理。

说起来，中胚层后来也不是只发育为真皮，它还发育为结缔组织、肌肉和循环系统！但是，一个好的文案，它是有生命的。也就是说，这么好的文案，粉墨登场以后基本上就光速风靡全球不受控制了，皮试你个鬼啊，我们不要听这个，走走走。

1964 年，Pistor 博士成立了法国中胚层疗法学会，1987 年，法国国家医学院也正式承认中胚层疗法是一门医用技术。中胚层疗法在欧洲和南美洲的大部分地区流行起来，其后在美国和亚洲国家也流行起来。

● 五花八门的操作方式

Pistor 博士一开始在治疗中使用的也是注射器，打皮试不管对哪国医生来说都不应该是一件太难的事。但是后来大家“生意”都太好了，打手针要打到自己颈椎变直，就整出了水光枪，哦不！美塑枪，要记得，我们水光界拼的就是一个姿态，要随时谨记。

市面上有很多不同品牌的美塑枪，总体来说，它们的原理都是屁股接药瓶，头有 5 ~ 9 个细针头，吧唧吧唧给皮肤盖章式扎洞洞，把药液挤进去。只要把进针深度控制在 2 ~ 4 mm，总能打到真皮里去。

但是一把好的美塑枪，比如德玛莎、EME-2 或者 U225 之类，价格在 2 万 ~ 6 万，实在太贵了。所以大家都在寻找有没有便宜好用的枪。皮肤科和整形科的医生一见面，寒暄寒暄，搓搓手，就开始互相问，有“枪”嘛？场面十分黑社会。

但是并没有，便宜的都不好用。别以为我们科班出身就多么阳春白雪，便宜货我们也自己掏钱买过，买回家在自己身上试，而且我真的不是唯一一个会做这种蠢事的医生，我拿人格向大家保证这样的蠢货我能给你数出一打。便宜货的问题在于漏药，漏到你怀疑人生。尽管所有的美塑枪都是漏药的，手针打需要一支药的，枪打就肯定要用到两支，但那还在可以接受的范围内。如果是打完皮肤表面一层药水，那到底有没有打进去？鬼知道啊。想想自己工资都那么少还花钱买了这么个废物，气得当场就把枪拿到厨房砧板上剁烂了。

离开体制内，在资本的世界中，美容院和民营诊所就很少被我们这样的迷思所困，他们通常采取一个被皮肤科医生遗忘的小工具：滚针。这个东西我们也是用的，一般用在比较糙的地方，比如说斑秃、瘢痕疙瘩，我们用这个扎洞导入激素，反正你扎的深度能够得着毛囊，或者刺入瘢痕疙瘩内部，就行了，这些对深度的要求都不是很精确。

就像腌猪肉一样，深点、浅点不都有味道吗？但是在打水光针的时候，不是说一定要打到真皮层吗？你看，迂腐了不是，就没想过活儿还可以做这么糙不是？

但是被打的人不这么觉得，几乎所有从美容院过来的顾客，都会给我描述一幅温馨的画卷，在那里她们被轻言细语温柔对待，先清洁、按摩面部，又是飞针，又是滚针，敷面膜聊家长里短，人生的压力都消散掉了你为什么还不漂亮？你看我这里，虽然每一针都给打在皮内，活是细了，话糙啊！人家打完水光爆痘了，可以腆着脸说出“这是在排毒”的浑话来。搁我，我就只会干瞪眼心想“妈呀！那天是谁消的毒没消好感染了”，你看看我这点长进，是不是活该赚不到钱啊？

● 神秘莫测的注射内容

水光针的目的是为了加强皮肤保水能力，一切的弹性、细腻度、通透感的改善，都是建立在经皮失水率的降低这个基础上。那么，水光最重头的就是透明质酸，其他的维生素、胶原原料啥啥的都是辅助，没有那么重要。但人是贪心的，又想水润，又想白，又想胶原满脸不要细纹，那催生的配方可就多了。

比较正经的复配方式，是在注射用的透明质酸中添加水溶性维生素和一些氨基酸，如果是厂家预配置的，那么，通常溶解度和 pH 都经过临床观察，不会有大问题。然而一些小作坊会为降低成本，自行与维生素针剂复配，最终会不会结晶、析出，打到皮肤内会不会产生过敏或者异物排斥，其实是无从预计的。

我的一些朋友问过能不能拿她们的水光过来让我帮打，这种私活在医院做肯定是不合适的。而且最让人忧愁的是，她们打的水光，有时我都不知道是个啥。有些国外的水光产品，虽然没有中国的证，但是人家在外国是正经的，只是没有引进。但走私行为本身违法不说，缺乏监管的渠道流入的产品本身就有风险，铺天盖地的代购，里面有多少是真的，多少是……嗯，我也不好说哦。

一般合规的水光针，单次注射价格会在千元以上，追求性价比的人可能会说：我去的那个美容院一次才 400 元，打的也是透明质酸啊！这种时候就争都不要去争了，十有十，打的是透明质酸原液，就是美博会上几十块钱可以买一桶，称斤卖的那种。那种稀薄货，吹吹无针水光，吹到角层内就可以了，拿来打真皮我真的是下不去这手，我就是活得再糙，这点尊严也还有吧。

水光针本是一种合理、有效的透皮给药方式，但是，诞生至今 60 多年，曾经“风很大”——过度宣传，也曾经“水很深”——乱象横生。了解其背后的原理可以使消费者擦亮眼睛，变得精明。但美容界的潮流风向总是周期性更换的，近两年，水光针的热度也已经渐渐过去，下一个热点会是什么，消费者又能不能持续把持住自己呢?

玻尿酸怎么用决定保湿效果

钟 华

近几年含有玻尿酸的护肤品非常受欢迎，肤色不好的、皮肤松弛的、脸上有皱纹的……都想用玻尿酸护肤品迅速改善皮肤状况，效果究竟怎么样呢？

● 玻尿酸究竟是什么？

玻尿酸又称透明质酸（Hyaluronic Acid，HA），放大了看，它是一种长链状大分子的酸性黏多糖。发现它的是 1934 年美国哥伦比亚大学眼科教授 Meyer 团队，他们从牛眼玻璃体中分离出该物质。可以想象，拿在手里是黏糊糊的，注意，它是液体，不是分泌物。当然，HA 也存在于我们人体的许多部位，发挥着重要的生理功能，比如固着皮肤里的水分、润滑关节、调节血管壁的通透性、调节蛋白质、帮助水电解质扩散及运转、促进创伤愈合等。它在人体内有多少呢？如果是一个体重 70 千克的人，体内大约有 15 克 HA，而且其中一半都在皮肤里。

● 人有那么多玻尿酸，皮肤怎么还会越来越松弛呢？

那是由于人体内存在它们的天敌——透明质酸酶，所以每过1~2天它们都会被分解一半以上，但同时又源源不断地合成，保持总体水平不变。但是随着年龄增长，人体合成HA的能力减弱，而降解速度加快，因此，体内HA总含量降低，皮肤变得越来越不水润，失去弹性。

没办法，自身合成不了那么多，还想让皮肤保持“年轻”，那就只能靠外“补”了。世间总有那么多聪明的人，他们将玻尿酸用在美容上，开拓了美容“新时代”。

● 在皮肤美容方面，HA有两大傲人的功效

HA具有强大的保湿功能 HA分子能结合自身重量1000倍的水分，是目前发现的自然界中保湿性最好的物质，被称为理想的天然保湿因子。一经发现，便迅速成为各大护肤品争相添加的明星分子。后来发现大分子HA透皮吸收困难，不能持续发挥作用，于是又发展了微针注射（水光针）的方式将小分子玻尿酸直接补充到真皮层，使之更好地发挥锁水效应。不同厂家生产的玻尿酸在浓度、颗粒大小、交联度及交联HA占比等方面都不相同，所以其在组织中的寿命，或者说作用时间也不相同。目前用于水光注射的小分子玻尿酸效果达峰时间大约在20天，此后便开始逐渐消退，这就是为什么2次水光针之间的间隔时间通常是1个月。但注射的玻尿酸增加了组织间压力，可刺激人体自身的玻尿酸合成，所以连续注射几次之后效果可以维持

一段时间。

HA 具有良好的流动性和黏弹性　HA 填充于真皮胶原蛋白之间，可使皮肤保持良好的弹性和紧致度。同时，人工合成的 HA 具有良好的生物相容性和组织整合性，人体耐受性好。因此，用注射的方式定点补充大分子 HA 被广泛应用于微整形领域，如改善面部轮廓和除皱。而交联的大分子玻尿酸半衰期相对较长，目前尚缺乏确切的产品半衰期数据，但效果维持时间通常在 3 ~ 8 个月。

● 注射到皮肤里的玻尿酸会经历怎样的代谢过程？

如图 5-1 所示，人体内的 HA 酶会将大分子（>1 MDa）HA 裂解为 20 kDa 左右的小片段，并进而裂解为四糖和单糖，这些单糖将在细胞内或淋巴结内被分解为 CO_2 和 H_2O，最终被肝脏和肾脏清除。同时，注射引起的短暂炎症反应将激活自由基及其清除机制，加速 HA 的降解。1,4- 丁二醇二缩水甘油醚（BDDE）是应用最广泛的一种 HA 交联剂，用于稳定市场上现有的大部分 HA 真皮填充剂，延长其被降解时间。

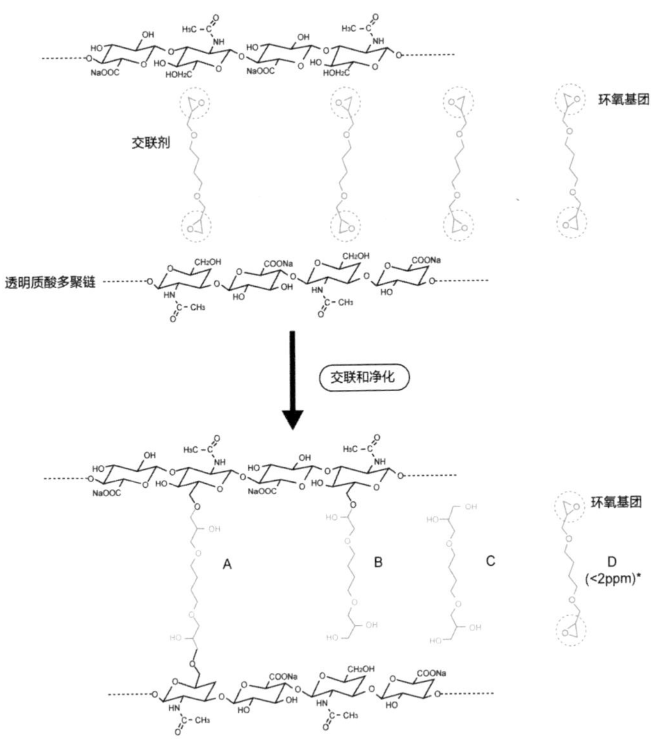

图 5-1 玻尿酸原形与交联过程

图片来源：Dermatol Surg. 2013; 39(12): 1758−1766。

了解完玻尿酸的好，你是否更有使用它的冲动？但怎么用才能达到最佳效果呢？直接涂？每天喝一瓶？直接皮肤注射？这些方法中，有的用了也是白用。

口服玻尿酸有用吗?

没有用!

因为口服的玻尿酸首先会在消化道被降解为单糖才能吸收，这时多聚糖形式的玻尿酸已经不存在了，这些单糖吸收以后会按照身体需要决定去向：或者供能或者合成其他物质（请注意：不一定是玻尿酸）。不能被消化的糖类将由肠道细菌分解，以 CO_2、甲烷、酸及 H_2 的形式排出。这样看来，口服昂贵的玻尿酸保健品与吃土豆和米饭似乎没有太大的差别。

涂抹玻尿酸可以保湿吗?

有点用，但单打独斗不行。

涂抹的玻尿酸很难透皮吸收，所以不能发挥较持久的锁水作用。但是作为一款优秀的吸湿剂，玻尿酸可以吸收环境水分，只是需要配合封闭剂（如凡士林）使用才能将这些水分保住。所以，如果您喜欢使用玻尿酸原液，那么，在使用完请别忘了再涂一层保湿霜。

无针水光效果如何?

无针水光是希望通过高压的形式促进玻尿酸透皮吸收，但很遗憾这种努力效果有限，只能将一部分 HA 送达表皮内，不能达到真皮层的深度，因此，无法发挥相对持久的锁水效果。

如果选择涂抹玻尿酸，建议日常护肤步骤为：洁面→爽肤水→玻尿酸→乳液或面霜→防晒霜。

皮肤科医生的护肤课

在除皱方面，无论是护肤品还是美容技术都有很多，尤其肉毒毒素，算是玻尿酸的“劲敌”。但那并不是说，除皱的工作玻尿酸不能胜任。事实上，它们都能除皱，只是适用的皱纹不同。玻尿酸填充适用于静态纹，比如，法令纹、木偶纹。而肉毒毒素则是通过麻痹相关表情肌来实现消除皱纹的效果，所以适用于鱼尾纹、眉间纹、抬头纹等动态纹。

注射肉毒毒素，自信展现内在美

陈语岚

人们意识到肉毒毒素的存在，已有上千年了。无论在欧亚大陆还是美洲，文字记载或口口相传的故事里，总有因吃了腐烂肉食导致中毒的情节。在受汉字影响较深的整个东亚，我们将其称之为“肉毒”，在欧洲，它的名称 botulinum toxin 源自于拉丁文 botulunus，即“香肠”之意。也就是说，肉毒毒素在自然环境中即是存在的，并且人们早已意识到，它来源于腐肉。

这个神秘的毒素到底是什么呢？原来，在肉类腐败的过程中，可能会出现肉毒杆菌这样一种微生物，而肉毒毒素，是肉毒杆菌分泌的一种外毒素。肌肉收缩需要接收到神经发出的信号，而肉毒毒素阻止了信号的下发，因此可以导致肌肉动弹不得。当重要的肌肉，如呼吸肌受到足量肉毒毒素的干扰，生命安全就可能受到威胁。

人类数千年文明的建立，好奇心是重要的基础，剧毒也并不能阻止我们探索的脚步。对肉毒毒素进行严谨的科学研究始于 20 世纪末。起初，人们只是发现在眉间部位注射 A 型肉毒毒素时，偏头痛会有所减轻，因此作为神经内科的药物，并通过了 FDA 的审批。其后，人们发现只要剂量、注射部位把控得当，肉毒毒素还有很多很多的用法，比如，对各种神经感觉异常导致的疼痛，对神经调控异常导致的多汗症，以及对于影响外观的肌肉肥大、肌肉牵扯过多导致的皱纹等，都可以进行有效地改善。后两者则是我们今天要讨论的主题——肉毒毒素瘦脸和肉毒毒素除皱。

● 肉毒毒素瘦脸

在东方的美学里，女性的面相多以柔和为美，人们偏好鹅蛋脸胜过硬朗的方脸。尽管脸是方是圆最重要的影响因素还是下颌骨，但我们的双侧下颌角各有一块咀嚼用的肌肉，称为“咬肌”，这两块肌肉如果过于发达，人的脸型也会显得比较方。因此，咬肌也是影响脸型的一个重要因素。

如果仅仅是出于审美考虑，“咬肌要不要打？”是没有标准答案的，因为美本身就没有标准答案。在欧美，人们就更喜欢硬朗的、骨性标志突出的脸庞。但在部分人群身上，咬肌的发达与睡梦中磨牙有关，他们即便在睡着以后，咬肌仍然会发力。这样时间长了，除了咬肌经过长期锻炼特别发达外，牙齿也可能被较早磨损，对晚年的咀嚼功能造成影响。在这样一种情况里，肉毒毒素注射则是具有功能性改善意义的，是一种治疗手段。

通过中等剂量的注射，可以达到使咬肌仍能有意识地收缩，完成咀嚼工作，但收缩强度降低，无意识状态下也不再磨牙，几个月下来，肌肉的体积便因废用而出现萎缩。尽管肉毒毒素的效力只能维持4～6个月，但连续注射三五次后，咬肌的体积可能再也不能恢复到原来的大小，从而达到了长久的瘦脸效果。

● 肉毒毒素除皱

另外一个最常见的应用是除皱。我们的面部存在发达的表情肌，这是我们传递微妙心情的利器，但过于丰富的表情也会带来丰富的表情纹：当我们抬眉表示怀疑时，可能出现水平向的额纹；当我们忧心忡忡地皱眉时，眉间可能出现垂直而深刻的“川”字纹；当我们愉悦大笑时，眼角可能出现放射状的鱼尾纹。作为一个鲜活的生命，人们需要表情来表达自己的情感，但出于人类对衰老、死亡的原始排斥，无论东方还是西方，人们都不喜欢皱纹，会想方设法地除掉它。

肉毒毒素就是一个可以达到“只有表情没有表情纹”的神奇工具。当注射位点、剂量把控得当时，注射后3天就会看到表情纹的改善。肉毒毒素带来的改善绝不是号称贵比黄金的眼霜、精华带给你的那种似有还无的改善，你不需要对镜自视半天，安慰自己“好像有点用”。注射肉毒毒素完全不是这样，它会在注射72小时内基本全部进入神经肌接头，夺取肌肉控制权之时，你会突然发现你跟昨天完全不一样，皱纹消失了，于是你非常肯定地知道它开始起效了。这样明显的改善，并且一次注射的效果可以维持数月，这就是肉毒毒素除皱大受欢迎的原因。

肉毒毒素的风险

尽管肉毒毒素的应用广泛，疗效确切，但对于此前没怎么接触过它的人来说，它始终带有一丝令人不安的气息，毕竟名字就叫“毒素”，它真的安全吗?

肉毒毒素是一种神经毒素，1 克的 A 型肉毒毒素就可以通过麻痹呼吸肌杀死上百万人，有作为生化武器的潜质。但是，用于医学、医疗美容用途注射的肉毒毒素是经过 10 万倍的稀释和纯化的，正常治疗只能在注射的局部引起一点肌肉松弛效果，不能影响到全身肌肉。从动物实验的结果推测，一个 70 千克体重的人至少要一口气打 30 瓶 100 U 的肉毒毒素才会面临死亡的风险，而大多数治疗单次需要的剂量可能都不到 1 瓶 100 U 的肉毒毒素。所以，中毒倒是不会的。

那么，注射肉毒毒素会导致脸僵吗? 在 21 世纪初，肉毒毒素刚刚开始应用于除皱的前十年里，我们听说过许多明星注射肉毒毒素后出现面部表情僵硬的传闻，有些明星自己都承认是因为接受了肉毒毒素注射。所以，脸僵的确有可能发生，但是否发生主要与医者的水平相关。

肉毒毒素通过麻痹表情肌达到除皱，出现脸僵是因为人类面部的表情肌不是各自为政，而是互相牵制、干涉，或有微妙的协同，比如说:

1. 微笑这个表情，不仅仅牵扯到笑肌，还受到颧大肌、颧小肌和提上唇肌的影响，如果在眼周除皱时没有注意位点的把控，药物弥散到了这些肌肉上，就会出现微笑表情的僵硬。

2. 静息状态下的眉形，受到来自额肌的上提力量和眼轮匝肌的下拉力量的双重影响，如果注射额纹和鱼尾纹时没有注意到这种相互的钳制，单方面放松眼轮匝肌，容易导致眉毛上提，令人显得凶恶。

这些例子都说明：在注射之前，操作医生一定要对面部的解剖熟稔于心，并且仔细观察受术者的表情，找到其中的平衡点，才能达到最佳的效果。

早年肉毒毒素注射常常导致面部表情僵硬，跟当时这门技术刚刚开始兴起，还没有形成规范的打法有关。但经过十多年的摸索与总结，现在肉毒毒素注射已经有了一套非常完善和规范的方案。现在，在一个有技术、有匠心的医生手上，求美者是绝少会出现脸僵的。

并且，肉毒毒素的价值还在不断地被深化。现在越来越多的学者主张肉毒毒素或其他注射美容的目的，并不是流水线制造标准的“网红脸”，那样太过匠气。有时我们不需要使人颜面大变，仅仅通过微妙地改变一个人的表情，就可以得到非常美好的结果。比如：

1. 一个明明很乐观开朗的人，却口角下垂，看起来苦大仇深，假设我们放松他的降口角肌，使口角上提，看上去便总是自带微笑。

2. 一个明明很内敛温柔的人，却天生一笑就露大牙花子（牙龈），那么，我们为她注射上唇鼻翼提肌，就能使她的笑容更趋于含蓄。

一点点微妙的肌肉改变，就可能为他人带来自信和社交上的明显获益。这种医疗技术的应用更多地从单纯的求外表美向展现更美的精神面貌转化。如果你还在用老眼光看待肉毒毒素，以为这是少数人为求浅薄的皮相美而做的疯狂之举，可就真的快跟不上时代啦！

皮肤科医生的护肤课

肉毒毒素的名字虽然吓人，在合理的浓度、剂量下，也是可以为人们带来很多益处的。今天，肉毒毒素已经被发掘出 90 多个适应证，包括瘢痕、狐臭、多汗症、脱发、神经性皮炎的顽固瘙痒、带状疱疹后的顽固疼痛……从剧毒之物中寻觅利用价值，也算是人类勇敢一面的体现吧。

光子嫩肤的功效不是徒有虚名

钟 华

光子嫩肤（photorejuvenation）中的光子指的是强脉冲光（IPL, Intense Pulsed Light），是波长范围在 400 ~ 1200 nm 的一段光谱。IPL 与激光都是通过“选择性光热作用”原理来实现祛斑、去红、除皱等效果。皮肤里常见靶色基（激光击中的靶子）有黑色素、氧化血红蛋白和水，而每种靶色基都有各自不同的能量吸收范围和峰值。比如，我们用 595 nm 的激光治疗血管性疾病时，红色血管吸收的激光能量是周围组织的 10 倍以上，靶组织迅速达到高温被破坏，而周围正常组织不受影响。由于 400~1200 nm 的 IPL 覆盖了黑色素、氧化血红蛋白和水的能量吸收范围，可以同时改善色斑、红血丝，并刺激皮下胶原蛋白增生重组，收缩毛孔，减轻皱纹，使肌肤颜色均匀、细嫩紧致而有光泽，光子嫩肤的名头也就由此而来，不同光谱作用如图 5-2 所示。

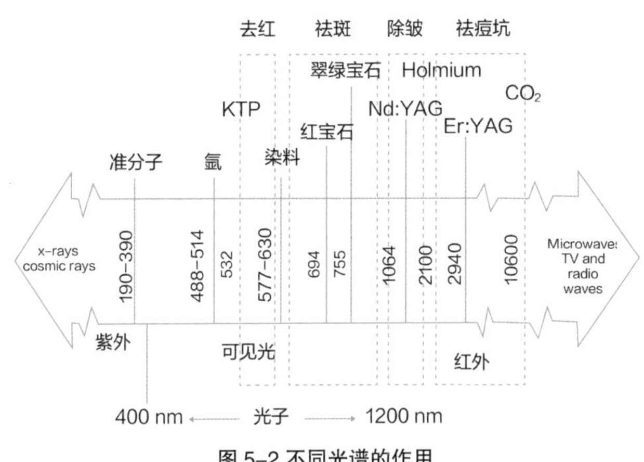

图 5-2 不同光谱的作用

如果把激光比作精准打击敌人的导弹，那么，IPL 就好比一专多能的多面手 ，由于 IPL 作用广泛，治疗后反应轻，深受大众欢迎，又被誉为“午餐美容”。

总之，光子嫩肤不是徒有虚名，下面的美容功效还是很明显的。

扫黑 雀斑、脂溢性角化病、色素沉着等。

去红 先天性红血丝、扩张的红血丝、红色痘印、玫瑰痤疮等。

嫩肤 收缩毛孔、改善细纹、提亮肤色、解决暗沉、减少皮肤出油等。

很多人担心光子嫩肤会使皮肤变薄和敏感，我可以肯定地说：不会。

适当的 IPL 刺激，能刺激皮下胶原蛋白增生重组，不仅不会使皮肤变薄，反而会使皮肤的厚度增加，并使之更加紧致、有弹性，向年轻化转变。

需要提醒的是，IPL 属于医疗美容范畴，需要有专业医生严格掌握适应证，合理设计治疗方案并指导治疗后护理，不建议到没有医疗资质的美容院治疗。如果在皮肤屏障受损或急性炎症状态下治疗，治疗频次过高或能量过大，则很有可能损伤皮肤。

现在大家知道 IPL 是强脉冲光的英文缩写，而只有一两个字母之差的 OPT、APT、DPL 大家知道是什么意思吗?

OPT（Optimal pulse technology）完美脉冲光（图 5-3），消除了传统 IPL 的能量尖峰，安全性提高。采用三维技术概念：能量 + 脉宽 + 脉冲波形，使发出的脉冲全程能量输出平稳均匀。代表设备是美国科医人医疗激光公司的 M22 王者之冠。

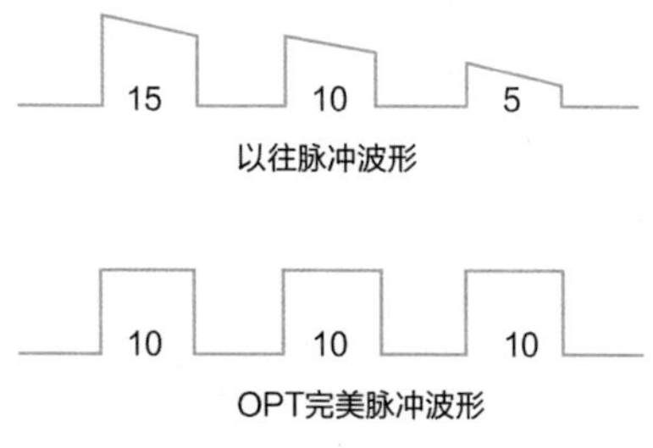

图 5-3　脉冲波形对比

APT（Aotomatic-pulse technology）自动脉冲技术，操作医生根据患者情况只需选择总脉宽和能量，机器自动计算给出最优化的子脉冲数量、脉冲宽度和脉冲延迟时间。代表设备是以色列飞顿医疗激光公司的新辉煌 360 光子治疗平台。

DPL（Delicate Pulse Light）精准脉冲光，波长压缩到500～600 nm，脉宽可调，典型的一专多能选手，能量更集中，效果和安全性同时提升。代表设备是以色列飞顿医疗激光公司的新辉煌360光子治疗平台。

其实，它们都属于IPL，在专业医生手里都能发挥各自的技术特色，让大家的皮肤收获良好的疗效。

谈到技术，让我想起以往的美容技术无非就是“手法”美容或“化妆品”美容，最多就是激光美容，而升级到现在的光子嫩肤，时间也不算太长，虽然一些追求“效果”的美容达人早已对光子嫩肤耳熟能详，但依然有些人对“仪器”美容心存芥蒂，甚至害怕。怕什么呢？下面了解一下光子嫩肤的过程，也许你就会放下包袱。

首先，你的皮肤问题是否适合做光子，需要皮肤科医生评估。下面这些情况就不适合做光子嫩肤：

1. 炎症性皮肤病、皮肤屏障受损或处于高度敏感状态：这些情况下接受光电治疗，会加重皮肤炎症反应，甚至会出现水疱、色素沉着等严重不良反应。

2. 一个月内有暴晒经历：光子嫩肤治疗前后一个月都应该严格防晒，否则出现色素沉着的概率会增加。

3. 黄褐斑患者：应先请皮肤科医生面诊后谨慎选择，部分黄褐斑会在光电治疗后加重，所以，治疗前一定要请皮肤科医生充分评估，或者在做光子嫩肤的同时配合其他药物治疗。

4. 孕期、哺乳期：这并非光子嫩肤的绝对禁忌证，但特殊时期需要充分考虑到患者的心理社会因素。

如果你没有以上皮肤问题，皮肤科医生评定你适合做光子后，医生首先会为你戴上一副特殊的护目镜或者眼罩（起到保护眼睛的目的）；然后在治疗区域涂抹冷凝胶，接着治疗手具贴合皮肤（ 感觉冰冰哒）；然后释放强脉冲光（这时会有一点点痛，好像被橡皮筋轻轻弹了一下）；再然后用冰袋冰敷 15 ～ 30 分钟。

过程就这么简单！但你要知道，光子嫩肤不是做一次就解决问题的，通常需要做 3 ～ 5 次才可以达到理想中的效果，而且 2 次治疗需要间隔 1 个月，也就是 3 ～ 5 个月才算完成治疗。

时间看着很久，其实在治疗后的一个月时间内，光子赋予皮肤的“能力”会以最强的“战斗力”去解决色斑、皱纹等问题，等它“疲惫”时，我们再次做光子治疗，给予皮肤“能量补充”，这样做 3~5 次，皮肤才会以最佳的状态完成任务。

光子嫩肤效果固然很好，但它可不是什么容颜永驻的神丹妙药，如果你不注意日常护理，美容效果的持续时间还是会缩短的。以雀斑为例，持续的效果很大程度取决于后期的防晒工作是否到位，如果经常暴露在户外环境中同时又不加以防晒，色斑很快会再次爬上脸颊（认真防晒的人才有资格一直美下去）。

如果想持续保持年轻的皮肤状态，有效地维持毛孔缩小、肤色提亮、细纹改善等嫩肤效果，我们建议每年做 3 ～ 5 次光子嫩肤治疗，以达到持续性的整体改善肤质。

● 每年做是不是因为产生了依赖？

不知道何时，社会流传着光子嫩肤有依赖性的问题，这个我也挺纳闷，为什么大家会有这样的传言。

首先，光子嫩肤没有依赖性，并不是一旦不做皮肤就会变得比治疗前更差（见过更好的自己，从此拒绝平庸者除外）。

其次，是不是需要一直做下去，还要看自己的需求。如果是以治疗为目的，比如祛斑，那么，几次治疗之后，色斑去除了就可以不做了。如果是想保持面部年轻化，那么，每年做 3 ~ 5 次是比较合适的。

● 光子治疗后的皮肤变化

对于光子祛斑来说，刚做完可能会色斑颜色加深或者轻微的结痂，并持续数天，给人的感觉是色斑做完反而变深了。但随着皮肤的代谢，这些色素颗粒或者结痂会逐渐被清除掉，等这些结痂自然脱落后就能看到色斑明显变浅，随着疗程的深入，3 ~ 5 次光子治疗过后，斑就这么淡掉了。

对于红血丝来说，做完光子后可能会有 3 ~ 5 天看起来皮肤比做之前还更红一些，并可能略微有一点肿，但是很快就能缓解。欧美国家普遍提倡在做完治疗后立即涂抹防晒霜，还可以上淡妆进行遮瑕，掩盖治疗后数天内的皮肤反应。

但以嫩肤为目的 IPL 治疗，通常没有以上发红、肿胀的反应。

● 光子治疗的时间选择

做光子治疗的时间选择上，我们还是有侧重的。原则上一年四季都可以做，但在紫外线强烈的季节或者地区，在做完治疗后的一段时间内都要比平时更加留意防晒工作，包括戴防晒帽、穿防晒衣、打伞、涂防晒霜等，否则容易留下色素沉着。其实，不管做不做光子我们都是应该做好防晒工作的，因为紫外线直接导致光老化。哪怕做了光子嫩肤，如果不做好防晒，好不容易改善的毛孔状况和好不容易提亮的肤色，很快就会被打回原形，重新走上皮肤光老化的老路。

皮肤科医生的护肤课

光子嫩肤是当之无愧最具普适性的入门级医疗美容项目，能祛斑、去红、嫩肤，且治疗后反应轻，没有休工期。很多皮肤问题都能通过它解决，但严重的皮肤问题，如红血丝比较粗大等，治疗效果可能不是特别理想，因此，大家还要理性对待它的治疗效果。

多数色斑的治疗首选激光

钟 华

随着年龄的增长，我们的皮肤上或多或少会留下岁月的痕迹，尤其是面部和手背等日晒较多的部位，色斑的形成似乎难以避免。常见的色斑有雀斑、黄褐斑、颧部褐青色痣、脂溢性角化病等，由于它们形成的机制各不相同，治疗方案也有差别，但激光治疗当之无愧是最有力的祛斑神器。

直奔主题，在下文中找到你的皮肤问题，看看激光是否能够解决。

雀斑 主要由遗传和日晒引起。雀斑最早出现在幼儿时期，青春期增多，女性多于男性，一般发生在暴露部位，如面颊、鼻部、额部、下颏部、手背、手臂、颈肩部。表现为直径 3 ~ 5 mm 的淡褐色到深褐色斑点，边界清楚。治疗首选激光。

颧部褐青色痣 也称为获得性太田痣样斑（Acquired bilateral nevus of Ota-like macules）或 Hori' s 斑。好发于 16 ~ 40 岁女性，有家族史的患者发病年龄会更早。其发生的部位绝大部分在颧部，也可以累及下眼睑、鼻翼两侧、颞部、额部，如图 5-4 所示，表现为 1 ~

5 mm 大小的灰褐色或蓝黑褐色的斑点，数目不等。治疗首选激光。

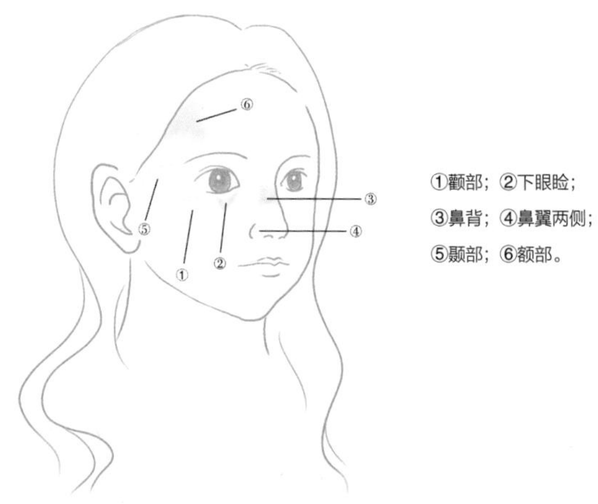

图 5–4　褐青色痣好发部位

黄褐斑　多见于女性（90%），一般以颧部、脸颊、鼻子、前额、下颏为主，表现为淡褐色到深褐色的色素斑片，边界清楚或隐约可见。黄褐斑病因复杂，可能与妊娠、口服避孕药或雌激素替代治疗、遗传易感性、紫外线、甲状腺功能失调、某些药物、化妆品、精神压力等有关。单一的激光治疗通常不能奏效，部分病例可能会因激光治疗而加重。所以需要皮肤科医生面诊评估以后再给予有针对性的防晒、修复皮肤屏障、药物或激光等联合治疗，且经常选择大光斑低能量模式的激光治疗。

脂溢性角化病　这是最常见的良性皮肤肿瘤，好发于中老年人头面部、背部及手背，与日光照射引起的角质形成细胞增生有关。可以凸出皮肤表面，治疗可选择激光、冷冻或手术。

激光是什么？放心，肯定不是电影《星际大战》中可以将敌人劈成两半的激光剑，它是利用选择性光热作用原理进行工作的。不同颜色的组织吸收不同波长的激光，比如，色斑处富集的黑素颗粒吸收特定波长的激光后，迅速膨胀、破裂，形成小碎片，继而被代谢排出，而周围正常颜色的皮肤则很少吸收该激光能量，因此，激光治疗几乎不损伤邻近正常皮肤。

黑色素的吸收范围在 280 ~ 1200 nm（图 5-5），随激光波长增加，吸收减少，但穿透深度增加。

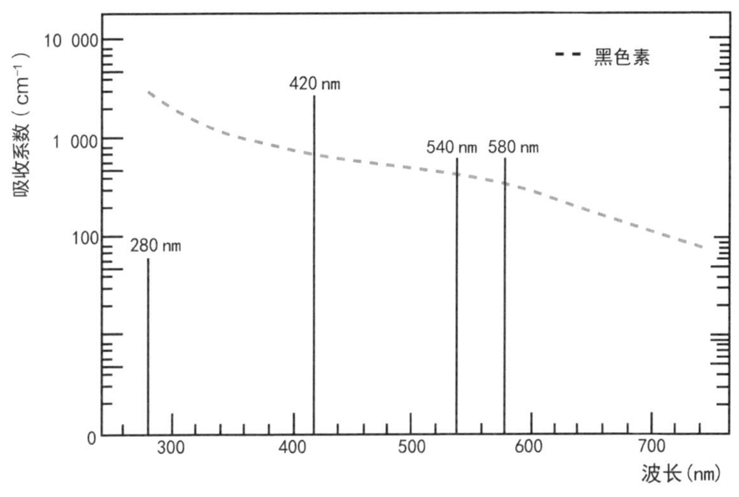

图 5-5　色素的激光波长吸收范围

Q 开关激光是治疗色斑最常用的激光技术，脉宽在 5 ns 左右。QS 激光有多种波长（表 5-1）可用，常用的包括 694 nm、755 nm、1064 nm 及 532 nm。长波长的激光适合治疗深层的色斑，如颧部褐青色痣；短波长的激光适合治疗浅层的色素斑，如雀斑。

表 5-1　不同色斑的激光波长选择

色斑	激光波长 /nm
雀斑 / 脂溢性角化病病	532、694、755
咖啡斑、贝壳痣、雀斑样痣	532、694、755
太田痣	532、694、755、1064
褐青色痣	694、755、1064
文身	694、755、1064
黄褐斑	1064

现代激光仪对于脉冲宽度的精确控制让安全有效的祛斑变为现实。皮秒激光是近年来市场上新推出的激光项目，能传送脉宽小于 1 纳秒的激光能量。比如，PicoWay 1064/532 nm 双波长皮秒激光的脉宽为 450 ps，PicoSure 755 nm 皮秒激光的脉宽为 750 ps，由于脉宽缩小了 7 ～ 11 倍，能够采用更低的能量密度进行治疗，可以减轻疼痛及不良反应。

说完激光的理论，下文也许还有你想问的问题。

● 所有的斑都可以用激光去除吗？

并不是。雀斑、颧部褐青色痣、脂溢性角化病首选激光治疗。

黄褐斑的成因比较复杂，涉及遗传、日晒、雌激素等许多因素，不是单用激光可以去除的，部分患者还可能在激光治疗后加重，所以应当在医生面诊之后谨慎选择。

● 激光祛斑后会反弹吗？

不会。但有几种情况需要注意：

1. 治疗后不注意防晒，病因没有去除，雀斑、脂溢性角化病等可能再次出现。

2. 治疗后短期内出现色素沉着，可能与个体差异、治疗后护理不当有关，比如，过早地去痂或感染等。正常情况下，这种色素沉着常在 3 ~ 6 个月逐渐消退。

● 激光祛斑会使皮肤变薄吗？

不会。激光好比导弹，能够精确打击目标，而不伤及无辜。相反，激光治疗可增加真皮层的厚度，使皮肤向年轻化转变。但激光祛斑是医疗行为，需要去正规的医疗机构，经过皮肤科医生面诊评估，正确掌握适应证、治疗时机和治疗参数。不恰当的激光治疗，比如，在皮肤急性炎症期或皮肤屏障受损时进行治疗，或者能量过高，都有可能损伤皮肤，有时还可能留下永久性瘢痕。

● 激光祛斑痛不痛？

有轻微疼痛感，皮损越多，治疗时间越长，疼痛感也越明显，而且每个人对疼痛的耐受力也不同。如果确实感觉很痛，可以涂敷表面麻醉剂。

● 激光祛斑后该怎样护理？

1. 激光祛斑后通常会有薄薄的结痂，不要人为提前去痂。
2. 严格防晒：外出戴帽 / 打伞 + 防晒霜。
3. 正常保湿。

● 激光祛斑后需要忌口吗？

不需要。酱油不会引起色素沉着，想一想爱吃西瓜的人为什么没有成为小红人就明白啦。

皮肤科医生的护肤课

激光可以精准打击色斑而极少误伤正常皮肤，因此，它是治疗各种色斑的利器，但是不同的斑需要选择不同的激光，黄褐斑通常需要综合治疗。

射频联合其他项目，让抗衰精益求精

程茂杰

每个人终将会老去，无论是器官功能的逐渐衰退，还是面容上从满脸的胶原蛋白到沟壑纵横，我们无力阻止衰老的最终结局，但我们也在穷极一生地试图延缓衰老的进程。

皮肤的衰老除了在功能上对机体的防护能力、调节能力逐渐减退外，也可使外观改变得既直接又让人难以忽视。包括由内源性和外源性因素所致的皮肤表皮水分含量减少、黑素代谢的紊乱，以及真皮胶原纤维、弹力纤维和其他结构性支撑的流失、容积的萎缩等，最终结果是导致皮肤质地、色泽的改变，以及皱纹的产生、皮肤的松弛、下垂，皮肤衰老过程如图 5-6 所示。

随着医美行业的迅速崛起，对抗皮肤衰老的项目也越来越多，如手术、埋线、水光、光电治疗、肉毒毒素注射、玻尿酸填充、射频等，其中的射频因其创伤小、恢复时间快、对日常生活影响较小等特点，成为广大爱美者首选的有效而无创的皮肤年轻化项目之一。

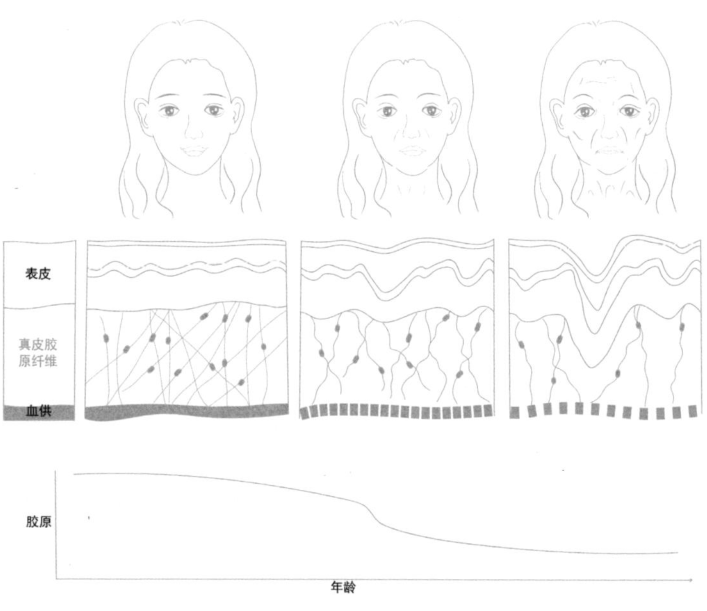

图 5–6　皮肤衰老过程

● 射频，增加皮肤胶原蛋白的产生

射频（RF，Radio Frequency），指的是在一定频率范围内（3 kHz ~ 300 MHz）高频交流变化的电磁波。而射频技术，也叫电波拉皮或射频拉皮。

它通过快速交流变化的电磁场穿透表皮作用至真皮层，使水分子运动摩擦而产热，将胶原纤维加热至 55 ~ 65℃（我们可以想象微波炉在加热食物）。这个温度的热能不仅可导致胶原纤维即时收缩，相互融合、重塑，使得真皮增厚从而达到皮肤年轻化的效果。同时，组织热损伤还可以启动机体创伤愈合的应答反应，激发成纤维细胞，促进胶原纤维的生成，增加皮肤容积，从而减轻或延缓皮肤的松弛，以及皱纹的产生。

没错，读到这里大家应该清楚了，射频的热作用本质说来就是一种热损伤，但不是只需要温度上升这么简单就可以了，几万块钱的医用射频也不是几十块钱的热水袋便可以替代的，这需要明确两点：

1. 热损伤需要直达真皮，而做到表皮的毫发无损。

热能经表皮传导到真皮，这是一个能量逐渐衰减的过程，首当其冲的表皮便是热量的主要靶对象，如果直接用热水袋，甚至用火烤，表皮往往都会损伤甚至烧焦了，然而，真皮可能还没“热乎”起来。而在射频谱内，低频电流波长长，可以影响皮肤深层，作用于真皮组织，但对未直接接触的皮肤影响小，故容易靶目标精准，避免及减少表皮温度的聚集骤升而导致的损伤。

2. 能量的控制需要精确。

温度的精准控制可以说是射频仪器的核心，在射频治疗中，电能转化为热能，在电极接触皮肤时除了触发电活动，还同时启动冷却系统产生反向热梯度，使表皮温度只上升到 35 ~ 45℃，避免表皮的高温损伤。在真皮深层和深部纤维间隔则可产生 65 ~ 75℃的临界温度，热能才能作用在胶原纤维中，产生热变性，引起胶原纤维收缩，以及增加胶原蛋白的生成。

市面上医用射频仪器众多，但无外乎分为单极射频和双极（或多级）射频两大类。

单极射频

单极射频（图 5-7）需要一端与皮肤接触，另一端通过身体连接地面，形成单向的活性电极来传递电流，常见代表是热玛吉（Thermage）。单极射频能量高，功率更大，价格高，穿透较深，疼痛感也较强烈，单次疗效显著，适用于皱纹深且大，皮肤严重松弛人群。

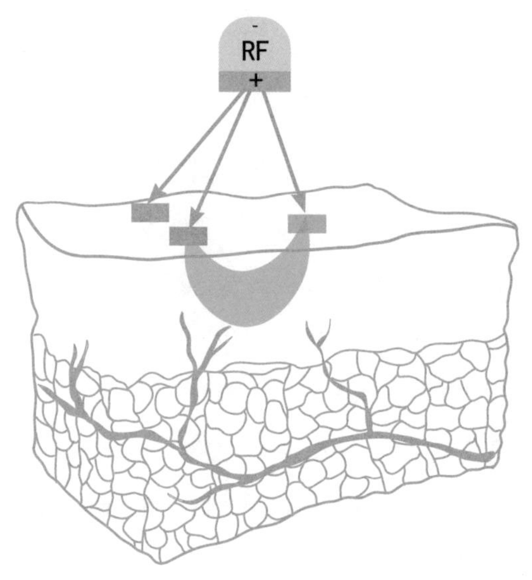

图 5-7　单极射频

双极（或多极）射频

双极（或多极）射频（图 5-8）内含正负极，常见代表是热拉提、深蓝射频等，相对于单极射频作用深度浅，可控性更强，更安全，适用于皱纹不那么深大，皮肤早期衰老松弛下垂的人群。

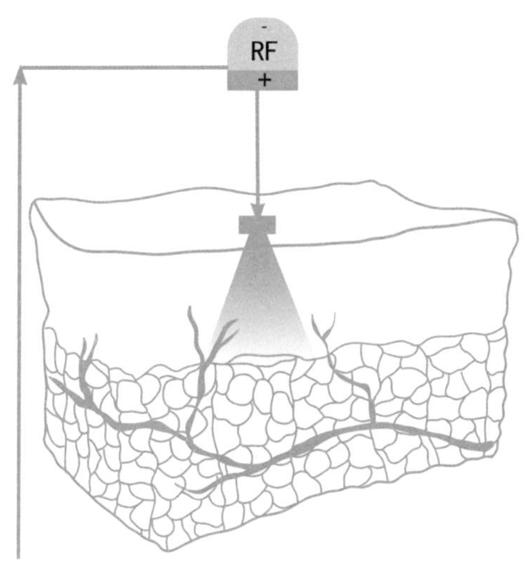

图 5-8　双极及多级射频

注：穿透相对表浅射频信号发生器。

● 医美强强联合会更有效?

随着射频技术的广泛开展和使用，单一使用射频并不能完全解决求美者的需求。并且射频治疗后的效果不是立竿见影的，需要一定时间才能逐渐显现。有些求美者除了要求皮肤的紧致，还有皮肤质地改善、动态皱纹控制、填充等需求，射频往往需要结合其他医美项目来达到精益求精的效果。如今射频联合强脉冲光、射频联合真空设备、射频与点阵相结合、射频联合透明质酸注射等联合方式已经运用起来，从而提升抗衰整体上的综合满意度，为面部年轻化提供了良好的应用前景。

● 医用射频和家用射频仪不一样

医美中，射频是抗衰老中必不可少的治疗项目，医用射频以治疗为导向，特点是“快、狠、准”，能量高，费用也较高昂，价格基本都是四到五位数起步，治疗后大多需要一定恢复期（误工期），并且疼痛比较明显，甚至大部分人无法忍受。治疗风险相对较大，稍有不慎可能产生较重的不良反应，留下永久性不可逆的创伤。因此，必须由专业的有经验的医生操作。

如今市面上较火的家用射频美容仪是医用射频的改良版，以保养为导向，重在安全便捷，能量也比较温和，在家操作也比较安全，无恢复期，基本无痛，耐受性强，价格低廉。但毕竟因能量相对医用射频而言弱了许多，需要一周数次的使用，因而家用射频可以用于医用射频治疗后的长期维持，以及衰老早期使用。单独使用远不能达到医用射频抗衰老治疗的效果。

● 皮肤屏障完好才能用射频

射频过程中温度的升高，自然会带来水分的流失加快，因而治疗后皮肤略微感到干燥是正常现象，需要及时补充水分，包括饮水及加强皮肤的保湿护理。在保证补水的前提下，射频还能因加速修复屏障的功能从而改善肤质，而不会直接刺激、伤害皮肤，也不会造成皮肤敏感。但敏感肌激惹期及皮肤屏障受损严重的情况下，或皮肤有其他疾病导致的炎症状态下，无论是射频还是其他抗衰医美项目，都需要暂时避免使用，待皮肤屏障功能恢复后再进行。

皮肤科医生的护肤课

简单说，射频就像隔空打物，略过表皮将能量尽可能输送到真皮层，使得真皮层温度上升到目标温度，促进胶原纤维收缩、融合、重塑，并且启动机体创伤愈合的应答反应，增加皮肤容积，从而延缓衰老。如果医用和家用射频联合，既可以省钱还更高效！

不靠谱的美白丸 / 美白针

钟　华

俗话说，一白遮百丑，亚洲女性对于白皙皮肤的追求就像人类对于光明的追求，从未停止。从《诗经》中的“肤如凝脂”就能看出春秋时期的人们已经认为洁白柔润的皮肤是美的象征。文献中最早的化妆品名称“面脂”中就含有美白功效的中药成分——白芷。几千年来，美白产品层出不穷，但人们绝不满足，为了白可以全方位无死角地开发新技术、新产品，“脸基尼”就是在这样的呼声中成为时尚产品的。可以说，为了美白人们殚精竭虑。

难道脸上涂抹美白产品，再加外力“设备”的防护，人们就满足了吗？不！在美白时间要求越来越短的需求中，美白针、美白丸诞生了。它们真的管用吗？

● 皮肤颜色的由来

从医学角度看，皮肤的颜色是由黑素的数量、活性和分布情况决定的，黄种人皮肤内的黑素主要分布在表皮基底层，棘层内较少；

黑种人则在基底层、棘层及颗粒层都有大量黑素存在；白种人皮肤内黑素分布情况与黄种人相同，只是黑素的数量比黄种人少。婴儿在出生后 6 个月内会形成终身持久的肤色，因此，皮肤白不白，从半岁左右就能看出了。

提到黑素细胞，很多人认为说的就是黑色素细胞，其实不然。黑素细胞是合成和分泌黑素的树枝状细胞，其功能是分泌黑色素，并将之输送到皮肤细胞中去，形成机制如图 5-9 所示。假如黑色素的合成出了问题，就可能出现白癜风，甚至白化病。

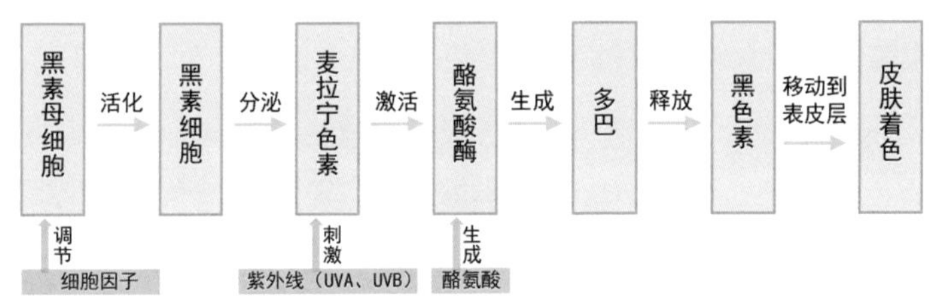

图 5-9　人体皮肤黑色素形成机制

当紫外线（到达地表的通常是 UVA 与 UVB）照射到皮肤上时，将引发大量自由基产生、炎症因子释放、胶原蛋白损伤乃至 DNA 的断裂。出于自我保护的“本能”，皮肤会产生大量黑色素来吸收紫外线，抵御以上损害，肤色会立即变得灰暗。肌肤还会在接下来很长一段时间内加班加点，制造出更多黑素，免得下次被打个措手不及。这种自我保护的“结果”会持续一阵子，意味着皮肤在晒后的几个月内都要比之前黑。

由此我们得知，皮肤的颜色主要由遗传决定，而日晒可以使皮肤暂时性变黑。这种暂时性黑素合成增加是一种保护性反应，人为抑制这种保护性反应，对于防止皮肤损伤、光老化和癌变都是有害无益的。

● “美白丸”或“美白针”究竟能不能用?

合成黑色素的原料是一种叫作“酪氨酸”的氨基酸，在酪氨酸酶的作用下经过一系列反应，最终形成黑色素。这些黑色素通过黑素细胞的树枝状突触，输送到邻近区域。抑制酪氨酸酶无疑可以减少黑色素的合成，也成为各种美白产品的关注热点。

以口服形式进行美白的“美白丸”和要以静脉输液形式进行美白的“美白针”，其中的共性成分是维生素 C、维生素 B、维生素 E，谷胱甘肽、L- 胱氨酸和氨甲环酸，当然各家配方剂量略有不同，有的还加了一些所谓的植物成分。单看这些成分，的确有不同程度抑制酪氨酸酶活性、减少黑色素合成的作用，但问题的关键在于离开剂量谈疗效和安全性是完全没有意义的。换言之，怎样的配方和剂量可以达到疗效和安全性的黄金分割点，不得而知。

药品在正式上市之前需要做大量的临床前试验和几期临床试验，而“美白丸”不是药品，缺乏这些严谨的数据。而所谓的“美白针”，用的是维生素 C 注射液或谷胱甘肽注射液，虽然这两种都是药品但适应证并没有美白，所以以美白为目的注射这些药品是超适应证行为，也是不合法的。如果有人为了宣传美白而在维生素 C 注射液或谷胱甘肽注射液中添加其他成分，更是一种危险行为。

下面让我们来单独分析一下“美白丸”的主要成分。

维生素 C

维生素 C 有强大的抗氧化、抗自由基和抑制酪氨酸酶形成的作用，这一点已经家喻户晓，可是多大剂量的维生素 C 既可以有效美白，又不对身体产生危害呢？正常人每天的维生素 C 需要量是 50 ~ 100 毫克，过量摄取对身体是有害的，超高量的维生素 C 可能会使人出现高尿酸尿症和高草酸尿症，甚至形成泌尿系结石。尤为严重的是，当机体习惯摄入大量维生素 C 后，体内会产生相应的酶来分解，破坏过量的部分，起到一定的“自我调节”作用。若此时摄入量突然减少，破坏维生素 C 的酶仍然在“工作”，就会造成维生素 C 缺乏，出现出血、角化过度等症状。

维生素 B

维生素 B 家族包括维生素 B_1、维生素 B_2、维生素 B_6、维生素 B_{12}、烟酸、泛酸、叶酸等十几个成员。其中维生素 B_2、维生素 B_3、维生素 B_6 与皮肤关系密切，而维生素 B_3（烟酸、烟酰胺）能够影响皮肤黑色素合成代谢，看似能起到“美白”的作用。可是，同样的问题来了，剂量！剂量！剂量！超量服用维生素 B_3 可引起消化性溃疡活化、糖耐量失常、肝损害及高尿酸血症，所以应当在医生指导下服用。

维生素 E

维生素 E 是一种脂溶性维生素，其水解产物为生育酚，是最主要的抗氧化剂之一。尽管维生素 E 对人体有许多好处，但也应对症下药，绝不能随意服用。长期大剂量服用可出现唇炎、恶心、呕吐、眩晕、视力模糊、胃肠功能及性腺功能紊乱等症状。

L- 胱氨酸

在口服谷胱甘肽 4 周的观察报告中，研究者发现口服会引起黑色素含量持续下降速度明显快于对照组，也就是说，口服谷胱甘肽确实有一定美白效果。但文章最后做了关键的保守性表态：国际范围内，长期口服谷胱甘肽的安全剂量至今尚未明确，更未获准进行更多相关临床试验。

氨甲环酸

氨甲环酸能够模拟酪氨酸酶的结构，占据酪氨酸酶的位置却不发挥其促黑素合成的作用。这是唯一可以口服治疗黄褐斑的药物，治疗剂量为 0.5 g/d，但不建议用于单纯的“美白”，对于由遗传决定的正常肤色没有作用。

综上所述，“美白丸”最大的问题在于：仅仅是把一些有理论上美白功效的成分放在一起，并没有人知道这样的组合和剂量长期服用是否安全有效，其实这也是众多保健品的硬伤。而且，假如我们一味地抑制黑色素合成却不注意防晒的话，实际上是削弱了皮肤对紫外线损伤的防御能力，还有可能增加皮肤癌和光老化的风险。

● 怎样美白安全有效？

防晒！防晒！防晒！

每个人天生肤色深浅不同，看看我们身体常年被衣服遮盖部位的肤色，就知道我们美白的空间有多大。严格防晒将最大限度地帮助我们无限接近最白的自己，同时延缓皮肤光老化的进程。

皮肤科医生的护肤课

“美白丸”的安全性和有效性都缺乏临床证据，如果大家盲目使用，很有可能损害健康。真想让皮肤白，关键还是防晒。

点阵激光去瘢痕，重启皮肤修复机制

尹志强　涂　洁

我们口头说的“疤”，专业一点讲叫“瘢痕”。有的瘢痕是萎缩性的，比如，痤疮凹陷性瘢痕，也就是我们常说的“痘坑”。增生性瘢痕和瘢痕疙瘩高出皮肤表面，它们的颜色、纹理跟正常皮肤都不一样。增生性瘢痕多见于外伤或手术后，“痘痘”也可能形成增生性瘢痕。瘢痕疙瘩容易出现在胸口，大多原因不明，如果感觉瘢痕部位瘙痒或疼痛，提示它还在变大。瘢痕非常影响美观，甚至还会给人带来心理阴影，所以下面我们就来讲一讲如何对抗这些可恶的瘢痕。

对于痤疮凹陷性瘢痕，目前最常用的治疗方法就是通过二氧化碳点阵激光重新启动皮肤的修复机制。这种方法的有效性和安全性都得到了临床证实，不过如果激光参数设置不恰当，可能也会造成一定的不良反应。激光治疗后如果没有严格防晒，也很容易形成色素沉着。另外，如果还在不停地长出新的痘痘，建议先不要着急治疗已有的痘坑，可以先治疗痘痘直到无明显新发，再使用激光治疗痘坑，这样可以节省总治疗费用。

增生性瘢痕和瘢痕疙瘩的主流治疗方式是非手术治疗。目前外用硅凝胶是预防和治疗增生性瘢痕和瘢痕疙瘩的主要选择。但硅凝胶起效慢，所以要长期治疗，每次涂抹后保留的时间越久效果越好。硅凝胶涂抹在皮肤上会形成一层封闭膜，作用为：

——使皮肤水分丢失减少，皮肤表层含水量增加，进而抑制真皮成纤维细胞的增殖；

——可以引起局部皮肤组织缺氧；

——使一些重要的细胞因子发生变化，从而抑制瘢痕生长。

硅凝胶既可治疗已经形成的增生性瘢痕和瘢痕疙瘩，也可在外伤后或术后皮肤基本愈合后用来抑制瘢痕，还可以作为严重瘢痕的辅助治疗方式。硅凝胶联合瘢痕内注射糖皮质激素和 5- 氟尿嘧啶或者脉冲染料激光，可用于治疗严重增生性瘢痕和瘢痕疙瘩。口服曲尼司特也有辅助治疗作用。

如果治疗效果好的话，可以看出增生性瘢痕和瘢痕疙瘩逐渐缩小、变平，甚至可以平齐于周围正常皮肤，颜色和纹路也接近正常皮肤，但仍然无法恢复正常皮肤的状态。而且一旦停止治疗，很可能会重新再长出瘢痕。所以建议在治疗效果满意后，继续维持治疗，比如，可以在瘢痕变平以后，继续外用硅凝胶以获得长期满意疗效。另外，对于可能引起瘢痕的手术、外伤等，要充分评估风险并尽早外用抑制瘢痕的药物。

增生性瘢痕和瘢痕疙瘩的手术治疗，一定要慎重进行。因为手术治疗的要求很高而且具有较高风险，特别是对瘢痕体质的患者，一般不建议手术切除瘢痕的方式，因为很容易在手术切除瘢痕后的缝合部位长出新的甚至更大的瘢痕。而且像前胸原因不明的瘢痕疙瘩，如果在单纯的手术切除后不配合其他治疗，很容易复发。

有人说可以进行“干细胞美容”，通过注射皮肤来源的干细胞从根源上解决瘢痕问题，但干细胞的来源、具体操作以及可能的排斥反应，都是问题所在，目前尚未得到国家正式批准。

做半永久妆，小心染料过敏

程茂杰

美是我们永恒的追求，除了护肤品，医美项目既可以改善我们的外部皮肤状态，还能延缓我们的衰老；既可以使含情脉脉中眼如丹凤，也可以让盈盈一笑中眉似卧蚕。

其中眉眼的精致不仅能促进异性缘，还会增加亲和力。因而，眉眼的地位在整个妆容中显得额外重要。传统的画、描常常受技术限制，且费时、耗神、持续时间短、不稳定。近年兴起的韩式半永久妆，便受到了众多爱美人士的青睐。

● 生活中哪些属于半永久妆？

半永久妆，是通过化妆技术，利用专用工具将金属或染料注入表皮层及真皮层之间。传统的文绣是永久性的，深度在真皮层，即使去除也容易留下痕迹，甚至瘢痕。

我们常见的半永久妆有文眉、文眼线、文唇等。

● 半永久妆有哪些优势及弊端？

省时、省力为半永久妆最为突出的优势。而同时，半永久妆也存在一些弊端，一旦成形，在长达二三年中将无法改变，因而对不同妆容的需求无良好的改变及修正能力。形状及美观度也受操作者本身审美所限，无法保证造型是否符合“潮流”或是否真正提升了自己的“气质”。一些用材不好的机构或缺乏经验的操作者，还可能导致颜色较深、不自然、不均匀，这都会让你悔不当初。

看看蜡笔小新的眉毛，大家就知道了。

● 不要低估半永久妆的风险

由于染料会较长时间停留在真皮内，并随着皮肤的代谢逐渐缓慢地排出于皮肤外，所以染料的安全性十分重要。一部分较为安全的染料又因颜色不够鲜艳，留存时间不长，无法适应爱美者的需求。因而，部分不良商家为了延长留色时间，会使用价格便宜的化工色料或添加重金属材料。

近来有新闻报道韩国市面上流通的半永久文绣染料，有一半被查出来有重金属超标,其中有几种染料中的镉和砷含量分别超标3～5倍。而镉、砷早已被划为一级致癌物，过量摄入会引发皮肤、心血管、呼吸、神经等系统各脏器的病变。鼎鼎大名的砒霜就是砷化合物的一种。镉超标还会使骨骼生长代谢受阻碍，从而造成骨骼疏松、萎缩、变形等，进入体内后难以排泄还会造成肝、肾的负担，对生殖功能还会有一定的影响。

当然，任何抛开剂量谈毒性的说法都是在耍流氓，用于文绣的染料中的重金属虽说量不大，引起系统毒性的可能性较小，但风险小并不意味着可以无视风险的存在或任其恶意滋生、害人害己。对技术的严格监管，对质量的严格把控，是为了规范整个化妆品市场，尽可能避免可控的危害，减少不可控的风险。

● 除了染料外，操作过程及资质也同样重要

除染料问题，半永久妆的操作过程是否规范、过程中是否消毒严格等同样非常重要，任何步骤的轻视都会导致感染的发生、肉芽肿的形成或引发其他疾病，如瘢痕增生等。

市场上的所谓“文绣师”与医疗卫生机构的“医师”大为不同，前者往往参加数天仓促的培训，甚至花钱购买便可获得“资质”。而这个行业的低门槛导致相关人员没有医学常识、医疗经验，也缺乏医学防范意识及处理并发症的应对能力，更没有急救设备，发生突发情况便无法处理、应对及妥善解决。

鉴于半永久妆法律监管的脱节和市场需求的混乱，实属于有创操作的半永久妆又具有一定的操作风险，以及可能因操作不当带来毁容等严重的后果。不同于安全性较好的一些无创操作技术，韩国等部分国家已将半永久妆纳入医疗美容范畴，只有医疗机构才具有相应资格提供操作服务。

因此，寻求正规专业机构的操作是半永久妆需求的重要保障。

染料过敏不可忽视

染料中的一些成分可以使敏感人群过敏，很多不明原因的唇炎、神经性皮炎等，最终经斑贴试验验证致敏原便是植入皮肤的染料，但由于部分染料很难去除，只能通过缓慢代谢的方式，以致对皮肤造成慢性接触刺激，过敏症状迁延反复，虽说省了化妆的钱，却平添了抗过敏治疗的费用及形象、心理受损的困扰。

在此提醒：过敏体质的爱美人士选择半永久妆务必要慎重！

皮肤科医生的护肤课

风险与美往往是并存的，借助“外力”让自己变美可能有一定风险，请不要去冒险。做半永久妆，最好选择有保障、有资质的正规机构，让专业人士来做才是爱美、变美的前提条件。

第六章

人生不同阶段，打造个性化护肤方案

婴幼儿护肤，纯植物产品不一定好

程茂杰

我们都羡慕甚至梦想着有婴儿一般的皮肤，薄嫩、水润、细腻有弹性。而每位妈妈都竭力呵护着宝贝们柔嫩的皮肤，希望能为宝贝遮风避雨，赶走一切对宝贝有伤害的物质。因而“如何护理好宝宝的皮肤”是每一位妈妈迫切想了解的知识，也是儿童皮肤科医师最常被咨询的问题。

● 婴幼儿的皮肤与成人有什么区别？

婴幼儿皮肤并非成人皮肤的微缩版，在皮肤结构方面与成人存在许多不同，年龄越小差异越大，而结构的差异也决定了皮肤功能的差异。

皮肤最重要的功能便是屏障功能，阻止体液、电解质等的丢失，以及阻止外界微生物、有害物质对人体造成伤害，儿童的皮肤屏障功能较成人明显薄弱。

为何婴幼儿的皮肤屏障功能弱？

角质层薄 婴儿皮肤的角质层薄且水合程度高，细胞间桥粒少，表皮真皮连接疏松，细胞间天然保湿因子含量低，经表皮水分丢失（TEWL）高，因而婴幼儿皮肤屏障功能弱。

皮脂再生困难 由于婴幼儿皮脂腺分泌皮脂功能在出生数个月后迅速下降，此后持续至青春期。在这期间，皮脂膜再生困难，皮脂膜的损坏也会减弱皮肤屏障功能。

黑素小体少 婴幼儿表皮黑素小体少且活性延迟，对来自紫外线的损伤屏障功能弱，更易晒伤。

胶原成分少 婴幼儿皮肤胶原成分较成人少且不成熟，但含有大量蛋白多糖，使得皮肤含水量增加，易受体液失衡影响和机械性创伤，如尿布摩擦刺激等。

同时，婴幼儿皮肤还具备以下几个特点：

——体表面积与体重比值大，所以婴幼儿皮肤吸收能力强；

——小汗腺分泌功能弱，血管网欠成熟，皮下脂肪厚度薄，因此，体温调节能力差，对热刺激敏感；

——免疫细胞等发育不完善，不仅易发生微生物感染，还容易发生接触性超敏反应；

——基底层细胞更新速率快，皮肤修复能力强。

婴幼儿护肤

婴幼儿皮肤构成及屏障功能的薄弱，决定了婴幼儿护肤与成人护肤截然不同。

婴幼儿的护肤包括清洁和保护（润肤和防晒）两方面。

清洁

洗澡方式 1 岁以内的婴儿，尤其在不能独立站立和行走前的这个时期，盆浴更合适，而且家人用手直接清洗比海绵或毛巾好，这样能避免海绵和毛巾对婴儿皮肤的摩擦损伤。注意着重清洁面部和颈部、皱褶部和尿布区，以减少汗渍的堆积引起皮炎。婴幼儿能独立站立和行走后，淋浴就更合适了。

洗澡频率 1 岁以内以每周 2 次为宜，最多隔日 1 次。活动量增加后，可适当增加洗澡频率。

洗澡水温和时间 洗澡水温不应高于 37℃，34 ~ 36℃更为理想；盆浴时间在 5 ~ 10 分钟，淋浴最好不超过 5 分钟。

清洁用品 建议使用添加了保湿成分的弱酸性或中性沐浴液，避免用力摩擦。浴后 5 分钟内及时涂搽润肤剂。

小提示：过度及频繁洗浴会破坏宝宝的皮脂膜屏障，造成皮肤干燥和透皮水分丢失增加。

润肤

婴幼儿皮肤屏障功能尚未成熟，容易干燥，尤其是特应性体质儿童。所以，沐浴后 5 分钟内及时外用润肤剂以减少经皮水分丢失、增加皮肤含水量，以维持角质层完整性并加强皮肤屏障功能。

在选择润肤剂上，选用不含香料、色素、酒精和易致敏防腐剂的润肤剂更为安全。剂型选择可根据皮肤干燥情况、气候、温度变化做出调整。一般秋冬季可选择润肤膏，春夏季可选择润肤霜或润肤乳。

防晒

婴幼儿表皮黑素小体少且生成黑素的功能还不成熟，对紫外线的损伤的屏障功能弱，容易发生皮肤晒伤、晒黑，甚至光老化。

婴幼儿皮肤护理常规中防晒是重要的一环。尽量避免紫外线最强的时段如上午 10 点至下午 2 点间外出。外出时应注意帽子、伞等物理遮盖，衣着应以浅色为主以减少紫外线的吸收。6 月龄后的宝宝可使用针对婴幼儿皮肤的防晒霜，这类防晒霜应保护性高、安全性强、刺激性弱。

婴幼儿的护肤步骤虽然简单，但薄嫩娇弱的皮肤结构决定了容易发生一系列皮肤问题。

● 预防尿布疹的发生，主要是让皮肤干燥

大部分宝宝无论使用尿布还是尿不湿，都有引起尿布疹的可能，因而需要保持局部的干燥、通风透气，及时更换尿布或尿不湿是避免尿布疹反复发作的关键所在。此外，宝宝大便后可温水清洗局部，然后用干毛巾或纱布轻柔吸干水分，可先薄薄涂抹一层含有氧化锌成分的护臀霜或软膏，再行使用尿不湿或尿布。若经过上述处理后宝宝情况没有好转，甚至加重，需及时至医院就诊。

● 预防口水疹的发生，要勤擦拭

同尿布疹一样，口水疹也是低龄儿童容易出现的皮肤问题。口水疹的发生是口水或流质辅食刺激薄嫩的口周或者面部皮肤而形成，也是湿疹的一种表现形式。因而对于口水分泌较多，皮肤较薄嫩的宝宝更容易出现，常常会让家长觉得反反复复，很是伤神。

记住一点，进食奶质、流质食物后适时清洗宝宝下巴及面部，再轻柔擦拭，并涂以保湿面霜。口水较多的宝宝，要尽量轻轻擦拭，或用围嘴，或用纱布，保持局部干爽非常重要。

这是不是和我们尿布疹的处理方法一样啊？

● 预防痱子的发生，痱子粉不是重点

首先，我们要明白痱子的发生是由于周围环境温度高或湿度大，宝宝出汗增多，而宝宝出汗不畅便会导致汗液堵塞在角质层，汗腺导管压力增高破裂，汗液刺激周围组织后形成。因而，出现痱子并不是立马找寻各种痱子水、痱子粉或药物治疗，而是重点从环境、温度、护理上着手，加强室内通风散热，降低环境温度，衣服穿宽松透气吸汗的，勤换洗贴身衣物，保持皮肤干爽。去除外因后，痱子往往迅速缓解。

● “防腐剂”一定不安全？

很多新手妈妈，听防腐剂色变，也极力追求“纯天然”“纯植物”的护肤成分。

其实，没有所谓纯天然的护肤品，植物提取物也不见得就安全，许多植物中，比如，芦荟、一些草药会含有对皮肤有刺激作用的成分，甚至有光敏性成分，即便成人使用都可能会有接触刺激反应，更何况婴幼儿。

防腐剂在目前护肤品中的使用中非常普遍，尽管防腐剂是护肤品中最常导致皮肤刺激反应或过敏反应的成分之一，但防腐剂却又是必不可少的成分，毕竟，没有防腐剂，肆意滋生的细菌等微生物更加危险。敏感肌肤，婴幼儿肌肤的护肤品都可以使用低敏的防腐剂；但是要注意避免含有甲基异噻唑啉酮（MI/MIT）和甲基氯异噻唑啉酮（MCI/CIT）的甲醛类防腐体系。曾经被曝光的湿巾中检测出的防腐剂便是 MIT 和 CIT，这两种是明确被欧盟禁止用于驻留型化妆品的。甲醛类防腐剂体系通过缓慢释放甲醛以达到抑菌效果，薄嫩皮肤和敏感皮肤易产生刺激。

皮肤科医生的护肤课

婴幼儿的皮肤太薄嫩，更容易受外界刺激或环境影响。因此，宝宝的皮肤容易出现各种各样的状况，让初为人母人父的我们焦虑异常。其实，大家不用过度惧怕防腐剂，也不要盲目信任纯植物，摒弃过时的错误的育儿观念，与宝宝一同成长，也是新手父母必修的一门课程。

青春无敌的战“痘”方案

程茂杰

从出生到老去，我们的皮肤经历着巨大的变化，皮肤的厚薄、代谢功能、皮脂腺及汗腺分泌等在各个年龄阶段各有所不同。因而根据不同阶段的皮肤生理特性，选用的护肤品及护肤重点也会有所区别。

● 青少年皮肤有什么特点？

儿童时期皮肤多以中性或干性为主，步入青春期后，角质层细胞增生活跃，真皮胶原纤维也增多、增粗、致密，因而青少年阶段皮肤状态最佳，弹性好、柔韧、坚固、饱满，质地也较光滑，色泽红润，所谓的“青春无敌”便是如此！但与此同时，性激素水平明显升高，尤其皮脂腺在雄激素的作用下生长活跃，皮脂分泌也较多，因而这个年龄阶段往往表现为油性或混合性皮肤，也容易出现毛囊炎、痤疮等问题。

青春期躲不开的青春痘

你的青春期从什么时候开始的？

网上说：青春发育期是指青少年 11 ~ 16 岁的这一时间段。

但其实，每个人的青春期觉醒时间都不同，女孩子可能在乳房开始发育时，或者月经初潮来临时感觉到自己步入了青春期；也有的人在身高突飞猛进时觉得迈入了青春期；还有的人在越来越有自己的独立思想并开始叛逆与父母顶嘴时，觉得自己进入了青春期；而多数人，是从额头开始出现一颗颗如春风吹又生般屡禁不止的小粉刺时，猛然意识到青春期的到来。

我们大部分人的青春都离不开——青春痘。青春痘，医学名为痤疮，是青春期中最能影响到心理健康的疾病。据统计，青少年中痤疮的发病率高达 75%。这是由于雄激素水平的升高，皮脂腺的过度活跃，使皮脂分泌旺盛，导致毛囊漏斗部脱落的上皮细胞更为黏着，不易排出，从而阻塞毛孔形成闭合粉刺，这也是青春期痤疮的初始表现形态。丰富的皮脂为痤疮丙酸杆菌提供了极佳的营养来源，使得该菌大量繁殖。痤疮丙酸杆菌产生的脂酶可将甘油三酯分解为游离脂肪酸，从而刺激炎症的形成。局部的免疫系统也能够识别细菌，释放炎性介质从而增强炎症反应。

由于痤疮的发生发展可能会持续整个青春期，甚至有的会延续至青春期后，规范的治疗可以减少痤疮带来的对外观及心理的影响，并最大程度上避免痘印、痘坑的形成。寻求正规的机构进行整治，是青春期少年开始学会对自己负责而迈出的第一步。

对于青春痘，有以下几点小提示：

1. 控制你的手，不要去随意抠挠。

2. 青春期的青春痘，饮食因素不是最主要的，但饮食的注意可以让治疗锦上添花，也可以让青春痘的爆发不那么“疯狂”。

3. 整个青春期都不长青春痘的人，是青春期天生的赢家，羡慕不来的。

4. 青春痘爆发期间、治疗期间，务必注意防晒，除非你想让痘印持续得更久一些、颜色更深一些。

5. 大部分外用治疗药物都会有或多或少刺激，注意初期少量尝试使用，直至建立耐受。千万不要因为自己不恰当使用后造成的刺激而从此因噎废食，错过了这么些好药。

6. 不用为了短期好转后遗留的些许痘印太过费神，一是外用药物对痘印没有效果特别好的；二是痘痘还可能会继续发生，治疗痘印绝对是放在治疗痘痘之后的；三是这个年龄恢复能力是纵观整个人生而言最强的，别“作”，做好防晒，在不久以后你会惊讶地发现，痘印已经不知不觉消退了或淡化了，而此后无法自然恢复的再来就诊也不迟。

7. 痘坑远比痘印影响大，没有什么外用药物是对痘坑能有明显作用的，但可以考虑医美手段。

8. 痘印、痘坑预防永远大于治疗，如果已经有痘坑形成或有痘坑形成倾向的，请不要犹豫，及时就诊。

青春期皮肤护理的重点

市面上绝大多数护肤品是针对成年人的，并且往往含有针对成年人皮肤问题的成分，如抗氧化、祛斑、抗衰等成分。青春期皮肤代谢更新能力强，修复能力也强，皮肤本身营养也充足，不需要过多额外的外用成分去补充，只需要做好基础护理便可，切勿过度护肤。

清洁是重点

鉴于青春期皮肤油脂分泌一般较为旺盛，清水很难清洗掉油脂及附着的灰尘杂质等，清洁不到位，容易加重毛孔的阻塞，引起或加重青春痘的发生。但同时，清洁需适度、温和而不过度，避免清洁过度导致皮肤屏障的损伤，引起皮肤脆弱、菲薄、红血丝、易激惹等敏感问题。日常清洁可选用含有氨基酸表面活性剂或葡糖苷类、甜菜碱类等非离子表面活性剂的清洁产品，也可选用温和的复配成分产品。可适度、偶尔加用皂基类清洁力度强的洁面或洁面仪。部分出油较旺盛，痤疮也较严重的，可选用含有低浓度水杨酸成分的清洁产品。

保湿是基础

不要认为油脂分泌多便不需要保湿，带有这种认识误区的往往会在换季时分，或环境、温度、湿度等改变后因为保湿不到位，导致皮肤状态不稳定，甚至引起干燥、脱屑、敏感等症状。根据不同环境条件下挑选滋润度足够、清爽不油腻的保湿产品非常重要。一般说来，油性皮肤在夏季可只用爽肤水即可，秋冬季或皮肤稍干燥的，可选用乳液或凝胶等制剂。混合性皮肤也可以分区护理，T 区使用较轻薄的产品，面颊使用稍滋润的保湿品。

防晒不可忽视

防晒是最有效也最便捷的护肤方式，很多皮肤问题，都逃不开紫外线这个元凶。痘印、皮肤敏感、皮肤老化都可能因紫外线而加重。虽然青春期皮肤修复能力较强，但防晒的意识仍需要加强。由于防晒霜多为油溶剂型，防晒指数越高的，甚至有防水性能的，会加重皮肤的油腻程度，青少年使用的防晒霜可挑选清爽、低倍的，并辅以硬防晒来加强防晒，做足防晒。

皮肤科医生的护肤课

如果青春痘不可避免，我们需要做到的是尽可能减少青春痘带给我们生活及心理的影响，调整作息和饮食习惯，适当给予药物干预。切不可放弃干预，听之任之，就算最终青春痘可以自行缓解，但不加干预所形成的痘印、痘坑，绝对会让你悔不当初。

月经前后皮肤状态差，微调护肤步骤

余 佳

月经，是育龄期女性体内激素正常规律波动而导致的子宫内膜脱落出血。月经的规律出现，代表着育龄期女性体内的激素周期在正常运转。如果成年女性，月经长期不规律，比如，每个月来 2 次，或者 2 ~ 3 个月都不来月经，这种情况建议您先去妇科就诊再来处理皮肤问题。

我们的皮肤状态，总体受雌激素水平影响比较明显。雌激素能使皮肤饱满、滋润、有光泽，使皮肤维持年轻、健康的凝脂状态，这也是很多女性朋友在孕期皮肤显得特别好的原因，因为孕期的雌激素水平维持在较高水平。而在我们每个月的月经周期中，上一次月经结束后，雌激素水平就会逐渐升高，排卵日达到高峰（图 6-1），所以月经结束后一段时间，皮肤状态通常越来越好。

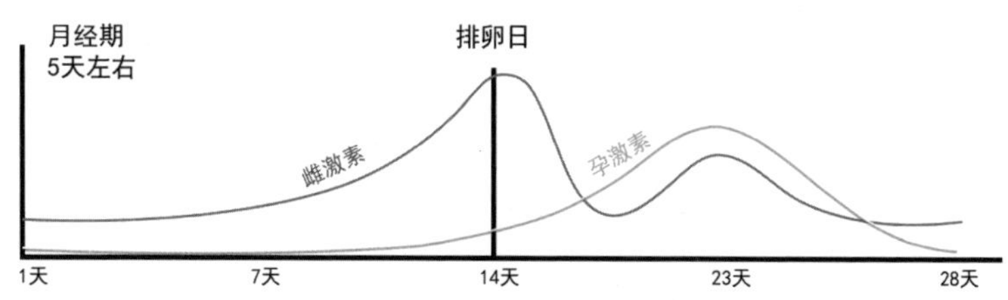

图 6-1　月经周期体内激素波动曲线

在两次月经之间，会有一个排卵期，排卵期结束后雌激素水平会出现一个下降再上升的过程，同时孕激素水平会增加。孕激素水平的升高，会促进皮肤分泌物增加，皮肤油脂分泌增多，粉刺及痘痘容易出现，色素加深问题也会显现，皮肤状态开始朝一个不美好的方向发展。

到下一次月经出现的前几天，雌孕激素水平会垮塌式下降，皮肤在短短几天之内失去激素的支撑，极易出现皮肤干燥、泛红、肤色暗沉、毛孔粗大、爆痘持续等情况。

随后，月经来临，上述问题持续 2 ~ 3 天，随着月经结束、新的月经周期开启，皮肤状态又往好的方向发展。

以上就是一个月经周期前后皮肤状态的变化情况。

在月经前后，因为皮肤的状态受到激素的影响可能变化比较大，很多人就会担心，月经前后护肤品是否需要调整呢?

大可不必。

虽然月经前后皮肤状态会受到内分泌激素的影响产生波动，但通常情况下，避免熬夜、保持足够的睡眠时间、保持愉悦的情绪、坚持日常护肤步骤，大多数人的皮肤波动不会太大。针对月经前后皮肤状态，在护肤方面你可能需要了解以下信息。

● 月经前不要尝试有刺激性成分的产品

针对不同人的不同护肤需求，使用美白、抗衰、控油等效果的功能性护肤品是大多数女性朋友的选择。但如果想尝试从来没有用过的产品，不推荐在月经前一周开始试用。这个时间皮肤状态本来就容易敏感，部分人还可能出现新发痘痘的情况，在这个时间尝试用可能会给皮肤带来刺激性的产品，比如，第一次使用含有果酸、类视黄醇、高浓度维生素 C、高浓度烟酰胺等成分的产品，可能会加剧刺激感出现。通常，新产品试用，推荐放在月经后皮肤状态不错的时候。

● 月经前爆痘，不要过度补水

容易在月经前爆痘的朋友要注意，特别是容易在口周反复长痘痘的女性朋友，月经前的爆痘提示您可能存在与激素水平波动相关的痤疮问题，适合通过口服抗雄激素药物来改善痘痘情况，或者通过一定的外用药物来改善痘痘。千万不要通过频繁敷保湿面膜来改善皮肤状态，特别是不建议频繁使用敷贴类的面膜产品，过度补水可能会导致角质层水合过度、角质细胞脱落增加从而堵塞毛孔，加重爆痘的情况。

每次月经前，如果只出现 1 ~ 2 个小红痘痘，且月经结束后能很快消退，那么，使用过氧化苯甲酰凝胶点涂痘痘就行，避免挤压痘痘导致后续色素沉着的出现。或者在月经前使用一些果酸或者水杨酸精华或者面膜，局部涂抹在粉刺或者痘痘区域，也有助于痘痘的尽快消退。但第一次使用这类产品，建议在月经期后开始尝试。

如果口周反复出现爆痘情况，即使月经结束也不容易消退，最好到皮肤科就诊并规律治疗，不要盲目地使用各类所谓的祛痘产品以免耽误病情。

● 月经前敏感，适当加强保湿护理

部分干性皮肤的人，在生理期前，因为雌孕激素撤退的关系，皮肤的油脂分泌会明显减少，在月经前可能出现干燥、泛红、敏感等情况。这个时期，即使皮肤同时出现了暗沉、发黄等情况，也不建议在此刻立即使用比较有刺激性的美白护肤产品。 一些家用美容仪，比如，洁面仪、家用射频仪等，都建议避免在月经前一周或者月经期前三天使用，以免刺激皮肤产生不适感。

对于月经前的皮肤敏感充血情况，采取比较充分的保湿护理就行，日常的产品不需要大的调整，适当增加每天保湿护理的次数，从每天涂 2 次保湿霜，可以升级为 3 ~ 4 次。含有透明质酸、泛醇、神经酰胺等多种皮肤保湿成分的精华、保湿面膜等，可以在这期间适当增加使用频率。

皮肤科医生的护肤课

1. 月经前后皮肤状态会有波动是正常生理现象，保持良好心态、睡眠、情绪有助于皮肤状态调整。

2. 月经前不推荐尝试新的刺激性护肤品，以免恶化皮肤状态。

3. 月经前爆痘时可以用祛痘药膏或者功效型护肤品应对，敷面膜的方式不可取，容易加重爆痘情况。

4. 月经前泛红敏感的时候，加强每日保湿护理频率有助于缓解症状。

孕妈妈选护肤品要坚持三点原则

余　佳

进入孕期的女性朋友，皮肤本身会因为体内激素改变等出现一系列的变化，如皮肤敏感、色素增加、容易泛红等，在这个时期怎么选择日常的护肤品呢?

有的朋友容易走极端，将孕期整套护肤品更换为“纯植物”或者“孕妈妈专用”的产品，又或者干脆完全不用护肤品。这两种情况其实都不合适。

孕期护肤，按照三点护肤原则来选择护肤品就好: 精简护肤程序、坚持日常护肤、避免选择有刺激性的护肤品。

● 精简护肤程序

在日常的护肤步骤里面，皮肤科医生通常会建议每天规律地做好皮肤清洁、保湿、防晒三个护肤步骤，做好这三点，日常护肤就达到基本的保养效果了。而不同的肤质、不同的年龄段的人群，可能对自己皮肤有着不同的改善需求。大多数人在日常护肤的时候，会在不同步骤添加不同的产品，比如，日常有痘痘的人可能会在清洁的步骤除了用普通的洗面奶清洁，还会使用一些含酒精或者水杨酸的爽肤水做二次清洁，或者不定期地使用 1 ~ 2 次的清洁面膜来改善皮肤出油和黑头的情况。而对于想提亮肤色、淡化色斑的朋友，可能会在保湿的步骤里面，配合使用一些美白抗氧化精华或者早晚霜来做日常保养。而日常有化妆习惯的朋友，也可能在日常的防晒步骤之后使用 BB 霜或者粉底液来满足化底妆的需求。

在孕期的话，建议三个护肤步骤中选择的产品都尽可能精简，特别是在孕早期，越简单越好。

在孕期，如果你的皮肤是偏干性的，建议早晚尽量选择以清水清洁皮肤。大多数时候，日常的皮肤清洁步骤，用清水清洗完全足够。如果白天有使用防晒霜、化妆或者工作环境灰尘比较多，每晚可以使用一次温和型的洗面奶来仔细清洁皮肤。干性皮肤的朋友就不建议多次使用洁面产品或者洁面仪来清洁皮肤，洁面的产品通常建议以温和不刺激的氨基酸类成分为主。

如果是皮肤偏油性的孕妈妈，可以每天早晚都使用非皂基类的洁面产品来清洁皮肤，以减少皮肤出油的情况。爽肤水的二次清洁，通常不建议使用。特别是孕早期，因为大部分的爽肤水都可能含有酒精或者水杨酸等成分，会对皮肤产生一定的刺激，增加皮肤敏感的风险，同时长期在孕期使用含有大量水杨酸的制剂也不太安全，不建议在孕期常规使用爽肤水来加强面部清洁。

如果油性皮肤的朋友，在孕期对于皮肤清洁和控油有额外的需求，推荐使用相对温和的涂抹式清洁面膜，在需要加强去油的区域，每周使用 1 ~ 2 次，涂抹后在皮肤上停留 15 ~ 20 分钟后清洗，再涂抹保湿霜。这类产品可以通过吸附的作用减少皮肤浅表的油脂颗粒存在，从而达到有效控油又不增加皮肤刺激性的效果。

● 坚持日常护肤

有的朋友可能感觉，孕期护肤既然这么麻烦还不安全，是不是干脆不用呢？

这也不行哟！

孕期因为体内激素变化、血容量增加，以及皮肤体表面积扩张等情况，皮肤容易出现敏感、色素加深、毛细血管扩张等多种改变。在这种情况下，如果长期仅完成皮肤清洁，不使用保湿产品和防晒产品，很容易导致皮肤敏感、色素问题的进一步加重，皮肤的老化情况会特别容易出现。所以，即便是在孕期，保湿和防晒的护肤步骤也不建议省略。

孕期保湿护理

孕期保湿，通常建议大家选择一款温和的保湿乳或者保湿霜即可。偏油性肌肤的朋友可以选择保湿乳液，偏干性皮肤的朋友可以选择保湿霜。保湿水、保湿精华或者保湿面膜，在孕期并不建议常规使用，仅仅在皮肤特别干燥，或者环境容易导致皮肤严重缺水的情况下作为补充使用。

孕期比较适合使用的日常保湿乳或保湿霜，成分以透明质酸、维生素 E、甘油、神经酰胺等为主，可以使用雅漾、理肤泉、丝塔芙、修丽可等功效性护肤品品牌的基础保湿款，或者欧美系、日系大品牌的保湿系列产品就行。不推荐祛痘、美白、抗衰系列产品做日常基础保湿产品使用，长期使用这类保湿产品可能会对孕期宝宝造成不良影响，尽量在孕期避免。

此外，也不推荐大家使用“纯植物”产品，部分植物成分为主的产品可能含有香精、香油等易致敏成分，或者其植物成分本身也可能会增加皮肤敏感的情况，如果在怀孕前没有使用过同类产品，尽量不要在孕期去冒险尝试。

孕期防晒护理

孕期防晒，通常还是建议日常涂抹以氧化锌、二氧化钛等物理防晒成分为主要功效成分的防晒乳或霜，配合帽子、墨镜、防晒衣、打伞等物理遮挡方式。

如果要选择化学类防晒产品，尽量避免选择含有二苯酮 -3 等成分的防晒产品，因为这类成分是否会产生对宝宝不利的影响在学术界还存在争论。化学类防晒产品使用量过大可能会有一定风险，如果仅是在面部小面积使用还好，如果长期全身皮肤涂抹，建议尽量选择含有物理成分的防晒产品。

不过，含有物理成分的防晒产品可能会导致皮肤干燥、毛孔堵塞等情况，一定要注意皮肤清洁及选择适合自己肤质的产品。

● 避免选择有刺激性的护肤品

部分护肤品的功效成分，比如，烟酰胺、高浓度维生素 C、甘醇酸等，在日常护肤使用时就有可能带来皮肤局部的灼热、刺痛、脱屑改变，需要坚持一定频率和疗程的使用，建立起“皮肤耐受”机制，皮肤才能适应其不良刺激。所以含有这类成分的产品，如果你在孕前都没有使用过，或者孕前使用就很容易皮肤敏感，那么，孕期建议不用。

含有皂基的清洁产品，也是同类原理，仅建议明显油性皮肤且不敏感的皮肤使用，一旦出现局部脱屑、泛红、刺激情况，建议立即更换洁面产品或者以清水洗脸为主。

孕期的皮肤很容易“小气”，稍不注意就容易出现敏感情况，日常产品尽量挑选不容易刺激皮肤的产品比较合适。

皮肤科医生的护肤课

孕期护肤三原则：精简护肤程序、坚持日常护肤、避免选择有刺激性的护肤品。

孕期护肤产品推荐：

清洁类——氨基酸洁面产品为主，干性和油性皮肤都可用。

保湿类——选成分简单的保湿产品，干性皮肤推荐保湿霜，油性皮肤推荐保湿乳。

防晒类——物理成分为主的防晒产品搭配物理遮挡。

解除哺乳期妈妈的担忧——化妆品成分吸收

余 佳

进入哺乳期，各位哺乳期妈妈们的皮肤状态可能会比孕期的皮肤状态还差，因为女性产后要面临激素水平大幅度下降的变化，同时哺乳行为本身或者照顾小孩带来的熬夜、睡眠时间减少、焦虑情绪等因素的存在，使皮肤状态通常会比怀孕时期差，表现为肤色不均、皮肤皱缩、干燥、敏感、爆痘、产后脱发等情况。随着产后内脏复位及水肿逐渐减轻，产后的皮肤松弛问题也会日渐明显，甚至有人会感觉到部分皮肤及皮下组织出现下垂改变。

为了让宝妈们保持愉悦的心情，不要一生完孩子就变成“黄脸婆”或者“老了N岁”，产后哺乳期也应该认真护肤，尽量使皮肤保持水润、恢复弹性、减少色素问题。

● 哺乳期要不要换产品？

产后的宝妈们经常会面临哺乳问题，如何在兼顾哺乳期的情况下做好护肤？是不是哺乳期很多产品就不能使用，必须用专门的护肤品呢?

其实大部分的护肤品在哺乳期都是可以使用的，继续使用孕期或者孕前的护肤品是最简单的选择。

仅仅强调一点，各位新手妈妈其实并不需要特意去挑选“宝妈专用”或者“纯植物”“天然”的护肤品来使用。大多数日常护肤品里面的添加剂或者有效成分，都控制在人体安全使用的范围内，涂抹后大多数成分均停留在皮肤表面，很难通过皮肤屏障进入人体。即使有少部分化学成分被人体皮肤吸收，哪怕每天使用，通常的累积剂量都不足以达到对人体有害的程度，更遑论通过母乳影响宝宝的生长发育情况。没有必要去挑选“纯天然”“纯植物”“妈妈专用”等字号的护肤品，如果是国际大品牌的产品也就罢了，很多母婴店售卖的这类名号的护肤品，都是国内小工厂代工的地区“妆”字号或者“消”字号产品，一般没有受到国家的严格监管，产品安全能否保证需要持怀疑态度。如果是标注了明确护肤品成分的产品还好，上网查查成分作用还能知道是不是安全。如果包装过于简单、连产品成分都没有明确标注，大家一定不要购买，避免使用“三无”产品。

● 哺乳期可以用哪些产品?

哺乳期的日常护肤步骤，依然建议是以清洁、保湿和防晒为主。针对不同的肤质，产后 2 个月之内和长期哺乳的情况下，产品的选择和搭配会略有不同。

产后前 2 个月，这个时期皮肤相对处于跟孕期类似的状态，很多皮肤问题还没有明显显现，可以继续使用孕期的护肤品，暂时不添加功效性更强的精华类产品。

如果是中性、干性或者敏感性肌肤，可以每天早晚以清水洗脸为主，或者每晚使用一次比较温和的氨基酸类洁面产品洗脸。保湿方面，如果是春夏季或者处于比较炎热潮湿的地区，可以考虑使用保湿乳液，比如，理肤泉的舒缓系列保湿乳液、丝塔芙的保湿露等产品做面部或者身体的保湿护理。如果是秋冬季或者处于比较干燥的地区，皮肤的干燥敏感容易加重的情况下，选择雅漾特护面霜、珂润浸润保湿滋养乳霜、适乐肤保湿系列产品等，每天早晚涂抹，有助于改善皮肤干燥敏感和细纹等情况。

如果是油性皮肤或者混合性皮肤，在保湿护理方面，可以选择芙丽芳丝的保湿清爽乳液或者理肤泉、FANCL（芳珂）保湿乳液等产品来进行日常保湿护理。

防晒方面，这个时期的妈妈大多数在室内活动比较多，外出少见。如果偶有外出，比较适合选择戴帽子、穿长袖防晒衣、打伞等物理遮挡方式来防晒。如果有需要在海边长时间外出的情况，推荐选择纯物理防晒霜，比如，雅漾、理肤泉、FANCL（芳珂）等品牌的物理防晒产品比较合适。

产后 2 个月以上的宝妈，大多数皮肤状态跟孕期皮肤润泽、饱满的状态相比，皮肤细纹、色斑及皮肤松弛问题会越来越显露，带孩子的睡眠紧缺和熬夜问题可能会持续加重皮肤状态的恶化。加强皮肤的功效性护理在这个阶段尤为重要。前面也提到过，外用产品很难通过皮肤屏障深入到身体里面，即使妈妈日常使用，也不太影响被哺乳的宝宝的日常发育。所以，在哺乳期越来越长的现代，哺乳期妈妈们日常使用一些功能性的护肤产品是有必要且安全的。

针对产后哺乳期容易出现的细纹、干燥情况，除了日常的保湿霜或者保湿乳液的涂抹，搭配一下透明质酸类的面膜（每周使用 2 ~ 3 次）或者每天使用含有透明质酸类的精华产品，可以明显改善皮肤表层的含水量和折光率，使皮肤看起来更丰润、饱满、健康。

如果有肤色暗沉或者色斑增多的情况，推荐使用含有维生素 C 或者烟酰胺成分的精华产品使用，有助于色素的淡化、提亮整体肤色。但使用这类精华时需要注意，高浓度的维生素 C 精华或者烟酰胺成分，可能会造成皮肤的刺激感，如果既往没有使用过类似的产品，推荐从低浓度的相关产品、小面积开始使用，逐渐建立皮肤耐受以后再慢慢扩大使用面积、提高使用浓度，以达到最佳的护肤效果。

如果有皮肤松弛、下垂的朋友，除了使用上面提到的维生素 C、烟酰胺等同时具有美白、抗氧化的成分，视黄醇类的产品也是不错的选择。既往认为视黄醇类的产品不推荐在孕期和哺乳期使用，但近年来更多的文献和研究认为，护肤品里类视黄醇的含量相当有限，即使每天在面部使用涂抹，累计吸收上限都不足以达到影响宝宝发育的剂量，所以如果哺乳期有抗衰护肤的需求，露得清或者理肤泉的 A 醇乳霜系列均可以考虑。不管是改善眼周的细纹还是面部轻度松弛下垂，A 醇都是抗初老的首选成分。

在哺乳期爆痘或者出现粉刺增多的问题的妈妈们，除了日常护肤，可以使用一些外用的壬二酸产品或者果酸类的精华等产品来促进粉刺排除、减轻痘痘的红肿情况。局部外用和口服治疗痘痘的药物，很多在哺乳期也是受限使用的，如果痘痘情况很严重，需要在医生指导下用药。而不太严重的痘痘情况，首选壬二酸凝胶或者乳膏、果酸或者水杨酸精华外用等，可以达到一定的改善效果。然而这类产品可能会导致皮肤出现刺激、敏感、脱皮的情况，刚开始使用时，建议从小剂量、低浓度、小面积开始试用，逐渐扩大使用范围比较合适。万一出现了皮肤刺激症状，要及时停用相关产品并尽快就医。

皮肤科医生的护肤课

1. 哺乳期不需要特意更换专用护肤品，普通护肤品就好。

2. 产后前 2 个月可以先沿用孕期护肤品，坚持护肤保养。

3. 哺乳期后期可以根据皮肤情况选择不同的功效性护肤品。

防治妊娠纹，理性看待各类产品

余 佳

很多女性朋友在怀孕和生产后可能都会被妊娠纹的情况所困扰。对部分女性来说，生完宝宝后，看着松弛的肚皮和像西瓜纹路一样的妊娠纹，可能会加重产后抑郁的情绪和自我厌恶感。那么，因为怀孕而出现妊娠纹，我们有什么好的预防和改善手段呢？

● 预防妊娠纹，怀孕前需要了解的知识

目前研究认为，妊娠纹的发作，主要跟遗传因素、怀孕期间的体重增加、第 1 次生产宝宝的年龄等因素相关。如果您母亲或者母亲家族的年长女性，以前在生小孩的时候就容易出现妊娠纹的情况，那么，您备孕的时候就需要警惕妊娠纹出现的其他高危因素，比如，要注意避免太早生孩子，如果在 20 岁左右的年龄生宝宝，相比 25 岁以后生宝宝的人群，有更大概率出现妊娠纹。而如果本身就比较肥胖或者在青春期曾出现皮肤膨胀纹的情况，在怀孕期间要严格管理体重，避免短期内体重迅速增加而导致妊娠纹的出现。

妊娠纹的发作，其主要原因在于短时间内皮肤的生长速度增加过快，超过了皮肤本身的弹力纤维和胶原纤维的承受能力，从而出现了皮肤胶原纤维断裂的情况，表现在皮肤上就是红色的妊娠纹的形成（红纹）。这种皮肤纹路的改变，也会出现在部分青春期生长过速的孩子身上，而这种纹理一旦出现，红色的纹路随着时间的延长，会逐渐转变为白色的萎缩凹陷性纹路（白纹），在皮肤上留下终身的印记，不能消退。

而就目前世界的研究看来，妊娠纹除了通过一些特定的药物或者治疗来改善以外，大多数的护肤品对于妊娠纹的改善效果其实并不理想。所以，各位孕妈妈应该把预防妊娠纹的措施放在治疗的前面，做好了妊娠纹的预防护理，比生完宝宝后再来做妊娠纹的治疗更容易。

● 预防妊娠纹，孕期怎么做？

家族妊娠纹的遗传因素我们无法选择，那进入孕期，怎么避免妊娠纹出现呢？在这种情况下，孕期的体重管理是非常必要的。

每一个有上面提到的高危妊娠纹因素的朋友，一旦开始怀孕，请尽可能在妇产科医师和营养师的帮助下控制好孕期体重增加的速度，均匀的体重增加有助于降低孕期出现妊娠纹的风险。特别是在孕中期和孕晚期的时候，不要因为担心孩子营养不够而放任自己的饮食，现代社会，多数是因为孕妈妈摄入营养过多而导致“巨大儿”的出生。做好孕期的膳食搭配，注意监控孕期血糖的情况，有助于预防妊娠纹出现。

另外，在孕期，适当的运动以及身体的保湿护理，也有助于维持皮肤良好的伸展性和弹性。普通的保湿霜足以实现皮肤保湿护理的需求，但对于能否确切地预防妊娠纹，目前研究还没有定论。但有明确的研究指出，目前都不能通过孕期涂橄榄油、各类精油及各类打着“预防妊娠纹”名号出现的护肤品实现预防妊娠纹的作用。在此不推荐大家在孕期贸然尝试这类产品。特别是孕期的皮肤格外“小气”、容易瘙痒和敏感，万一对某种没接触过的成分过敏就麻烦了。

● 治疗妊娠纹，应该怎么做？

如果在做好体重管理、避开高危因素等情况下，孕期仍然出现了妊娠纹，这个时候怎么办？

目前研究认为，最有效的改善妊娠纹的外用药物是维生素 A 酸类药物。这一类的药膏敷涂在红纹上，每晚一次，坚持外用数月，可以看到妊娠纹改善的效果。但可惜的是，这类产品严禁用于孕期，会影响胎儿情况，哺乳期也不推荐使用。如果哺乳期结束的时候，妊娠纹区域仍然是红纹状态，那可以考虑使用维 A 酸类药物外用治疗数月。

孕期或者哺乳期的妊娠纹，大多数时候都不太瘙痒，如果没有症状，一般可以等到生完宝宝 2 ~ 3 个月局部采取光电类治疗妊娠纹。而如果妊娠纹区域，有轻度的瘙痒情况，排除其他孕期相关皮肤问题，或者妊娠纹增加得特别迅速，也可以考虑使用硅凝胶制剂涂抹在妊娠纹区域，有助于妊娠纹红纹的稳定和缓解瘙痒情况。

在妊娠纹治疗方面，除了上面提到的相关药物，目前在治疗方面，比较有效的是脉冲染料激光和点阵激光。脉冲染料激光一般针对妊娠红纹患者治疗，因为这类激光会选择性地作用在血红蛋白上，如果没有红色的靶点，这类激光并不能达到改善妊娠纹的作用。而且脉冲染料激光治疗后，局部可能出现紫癜、结痂等明显不良反应。所以，近年来，治疗层面更浅、术后不良反应发生率更低的强脉冲光治疗（俗称光子治疗）也被用于治疗妊娠红纹，且有研究认为其治疗效果与脉冲染料激光相当。不过，要想达到比较满意的改善效果，需要多次强脉冲光治疗。

对于妊娠白纹来说，点阵激光是目前效果最佳的治疗手段，且不管妊娠纹持续存在多久，都可以通过点阵激光治疗。虽然不能完全恢复到正常皮肤，但经过治疗后的妊娠纹还是能收获比较满意的改善效果。比较麻烦的是，点阵激光的治疗通常比较疼痛且间隔时间比较长，肤色偏深的人群，在治疗后可能出现局部的色素加深改变，需要几个月的时间来慢慢恢复。如果确实不能忍受妊娠纹的存在，又愿意花时间精力来改善的朋友，可以向医生咨询相关的治疗效果和风险后开启治疗旅程。

皮肤科医生的护肤课

1. 妊娠纹重在预防，预防重点在孕期体重管理。

2. 许多号称能预防妊娠纹的护肤产品，实际并不能实现预防的效果，不推荐孕期使用。

3. 妊娠纹的治疗最有效的是维 A 酸类药膏及光电类治疗，可以跟专科医生沟通后选择。

第七章

救急护肤，见证高效美容的奇迹

婚前四周，打造最美新娘

余 佳

结婚是人生大事，大多数女性都希望结婚时的自己是最美的新娘。但结婚前总有忙不完的事情，操不完的心，压力和紧张、焦虑的情绪会导致皮肤状态的不稳定，很难保证结婚时的皮肤处于比较完美的状态，如果太差还会影响上妆。

如果已经确定了婚礼的时间，从婚礼前四周开始，有计划地护肤和做一些简单的治疗，有助于打造出婚礼时的完美新娘！

● 调整状态，挑选最适合自己的护肤品

皮肤的状态，受到很多因素的影响，精神紧张、睡眠不足、熬夜、失眠……都容易使皮肤出现泛红、敏感、爆痘、暗黄、干燥等问题。很多朋友不知道自己皮肤出现问题的原因，不分析自己的皮肤状态，婚前只是一味地采取敷面膜的方式来护肤。这种方法不可取，有的甚至会加重皮肤问题。

婚前四周护肤，首先要调整自己的情绪、心态，保障睡眠，将

婚礼事项做计划，安排好，并一一执行完成，如果有紧急调整要学会跟家人一起努力协调安排，压力过大的时候试着做做运动、听听歌曲，或者泡个澡放松一下，不紧绷才能让皮肤保持健康的状态。

科学护肤的前提是需要了解自己的皮肤状态，根据自己皮肤的性质挑选合适的护肤品，油性肌肤的朋友可以着重挑选清洁和有控油效果的保湿产品，而干性肌肤的朋友需要侧重加强保湿护理。做好每天皮肤的清洁、保湿、防晒步骤就是最科学的护肤手段。

但如果想进一步解决皮肤的小问题，怎么办？

婚前四周，可以在基础护肤上搭配功效性护肤品，或者有计划地做做医美治疗。

● 功效性护肤产品搭配医美治疗改善皮肤问题

改善泛红、干燥皮肤

如果是皮肤容易敏感、干燥的朋友，可以提前四周开始使用富含神经酰胺、透明质酸等成分的精华或保湿霜，每天早晚坚持使用，同类成分的医用保湿面膜也可以每周使用 3 次，以加强整体面部的保湿效果，促进皮肤屏障功能修复。如果主要目的是改善面部泛红、敏感、干燥的情况，建议尽量避免同时使用刺激比较强的祛痘或抗氧化产品，比如，含有水杨酸、果酸、类视黄醇、高浓度烟酰胺等成分的精华或面霜，以免加重面部泛红、刺激情况。

在加强功效性护肤品的基础上，如果仍有比较明显粗大的红血丝无法改善，通常建议婚礼前 3 ～ 4 周可以做一次强脉冲光治疗，以减少面部红血丝和实现提亮肤色、淡化细纹的嫩肤效果。术后同样注意保湿护理和防晒，就足以在婚礼前实现有效去红的效果。

如果是面部有持续性潮红发作，或者面部有玫瑰痤疮的朋友，要提前四周在医生指导下口服及外用药膏治疗，大多数能够在婚礼前得到有效的控制，便于上妆。如果确实是顽固性或者难治性的面部潮红问题，婚礼前 1 ～ 2 周提前微滴注射肉毒毒素也有助于在婚礼时不会出现明显面部潮红的情况。

改善痘痘及粉刺情况

如果是满脸粉刺且皮肤耐受度尚可的情况，提前四周开始外用含有水杨酸、果酸等成分的精华或面霜（又称家用刷酸），比如，理肤泉的祛痘系列乳霜、宝拉珍选或修丽可的果酸精华等，或者搭配外用维 A 酸类的药物，比如，阿达帕林、他扎罗汀等药膏，有助于帮助粉刺排出。但这类产品往往都有一定的皮肤刺激性，刚开始使用或者使用一段时间后都有可能出现皮肤泛红、刺痒、脱皮的情况，最好是从小面积、隔日用开始试用，逐渐扩大使用面积，增加使用频率，且一定要搭配其他保湿霜使用。如果出现了持续不退的红斑脱屑改变，一定要及时停用相关产品并就医诊治。

如果不想冒治疗后有刺激性皮炎的风险，且既往没有类似用药史，又感觉家用刷酸比较缓慢，也可以在婚礼前 4 周选择靠谱的医疗机构进行医用果酸治疗。一般单次刷酸改善粉刺效果有限，如果时间比较充裕，婚礼前安排 2 次左右果酸治疗，间隔 20 天左右，治疗效果更佳。果酸治疗后通常有一周左右恢复期，两次果酸治疗间隔时间太短又容易导致皮肤刺激症状或者持续脱皮反应，一定要合理安排好治疗和术后恢复时间。

如果有满脸红肿痘痘的情况，建议直接口服药物联合外用药物，或者果酸治疗比较快。口服药物治疗迅速控制症状 2 ~ 3 周，再进行一次果酸治疗，有助于在婚礼时明显减少红肿痘痘对于上妆的影响。

改善暗黄，提亮肤色

如果是整体肤色暗沉、发黄，想在婚礼前提亮肤色，可以考虑在婚前 4 周开始使用富含抗氧化成分的产品，比如，含有高浓度的维生素 C、烟酰胺、传明酸、类视黄醇等成分的精华、面霜等，早晚坚持使用，可以收获一定的肤色提亮效果，如果能在婚前更早开始使用，坚持用 2 ~ 3 个月，效果更好。

如果婚前 4 周才开始使用抗氧化成分的护肤品，有时不足以达到足够的美白亮肤效果。这时如果有经济能力和时间，配合做一次强脉冲光治疗（俗称光子嫩肤）调整肤色，或者打 1 ~ 2 次水光针，往皮肤真皮浅层补充足够多的透明质酸成分，可以达到提升皮肤的含水量、刺激胶原增生、收获皮肤水润亮泽的美白效果。

另外，如果不是想提亮肤色，而是打算祛斑，最好不要在婚前 4 周进行光电祛斑治疗。激光祛斑治疗有可能带来治疗后色素沉着的风险，治疗后 1 ~ 2 个月是色素沉着的高风险期，如果正赶上婚礼就不妙了。建议采取婚礼前使用淡斑美白类的护肤品，婚礼时化妆遮盖，当一名“无伤”的美美新娘，等婚礼结束后再用激光祛斑治疗的方式。

皮肤科医生的护肤课

1. 婚前需要调整身心状态、坚持科学护肤。

2. 针对不同问题，婚前 4 周可以通过强化护肤和医美结合的方式打造完美的新娘。

3. 泛红、干燥问题——强化保湿、强脉冲光及用药治疗。

4. 粉刺、痘痘问题——用药、家用刷酸、医美果酸治疗。

5. 暗黄、美白问题——抗氧化产品、强脉冲光及水光针治疗。

重大事宜前一天，怎么紧急补救？

余 佳

作为皮肤科医生，一直跟大家强调：科学护肤应该每天坚持，坚持才是最高性价比的皮肤保养方式。如果能数十年如一日地做好皮肤的正确清洁、保湿、防晒护理，搭配一定的功效性护肤品，绝对能达到比实际年龄年轻得多的效果。

但即使很认真地做好了日常护肤，仍然偶尔会有皮肤问题出现，比如，夜班后的憔悴、枯黄与黑眼圈，生理期前的痘痘爆发，换季时的皮肤敏感、发红或脱皮改变，而这个时候，如果又需要出席重大事宜的场合怎么办？可以采取一些紧急补救的护肤或治疗方式来应对。

● 了解自己的皮肤类型，尽量避免加重因素出现

采取应对措施的前提，是你需要了解自己的皮肤状态，比如，平时自己的皮肤是偏油性肌肤还是偏干性肌肤？皮肤是不是处于容易过敏的状态？自己是不是容易出现月经前爆痘的情况？

了解自己的肌肤状态，选择适合自己肤质的护肤品，不要在重

大事宜前去熬夜，不要在重大事宜前去尝试新的、可能有刺激成分的护肤品，有周期性发作的痘痘提前就诊用药……尽一切努力，避免可疑加重因素的出现。

另外，学习一些科学护肤的理念，不要在重大事宜前“病急乱投医”，比如，明明是满脸粉刺和痘痘的状态还一天敷 3 次面膜来应急，或者自制“蜂蜜 + 蛋白”面膜来紧急美白处理，或者重大事宜前一天还跑到美容院做“针清”“排毒”治疗……这些不正确的护肤方式，可能反而导致皮肤问题加重，让你在第二天连化妆都无法遮盖。

● 不同问题的不同应对措施

在了解自己皮肤问题的基础上，可以针对不同的皮肤问题，采取不同的应急措施。

干纹脱屑问题的补救措施

日常皮肤就偏干性的朋友，提前一天想加强保湿护理，可以考虑局部多采取一些保湿精华补充的方式，比如，前一天开始白天使用 2 ~ 3 次透明质酸类精华产品，或者小支装的透明质酸原液，每次涂抹在面部后可以再重复涂一层保湿霜，可以达到明显提升皮肤表层含水量的效果。晚上清水洗脸后可敷一次以透明质酸成分为主的保湿面膜，敷够 15 分钟左右，洗掉多余的精华，再次厚涂保湿霜，第二天可以明显改善皮肤的脱屑干燥情况，有助于上妆。当然，全天喝 2000 mL 以上的白水也是补充皮肤水分的一个重大手段。

在这里纠正一个误区，很多朋友认为敷面膜或多拍保湿水可以加强保湿，这个观念其实不完全正确。很多保湿水只能在皮肤表面做短暂停留，如果不迅速涂上保湿乳或保湿霜等含有油脂成分的产品来覆盖，停留在皮肤表面的水分挥发可能反而会带走皮肤深层的水分，使皮肤更干。所以涂保湿水、精华或做完面膜后，立即涂保湿霜锁住水分才是保湿护理步骤的关键。

泛红、敏感问题的补救措施

如果是因为突然使用了某种产品，或者无明显诱因的突然出现了面部红肿、瘙痒情况，那不要在家里自己折腾了，赶紧去医院找皮肤科医生看看，以明确是不是面部急性接触性皮炎。如果确诊，可以通过肌内注射激素、口服抗过敏药物、外用激素药膏、冷敷治疗等多种方式来紧急处理，以免耽误第二天的重要场合。

而如果平时偶有发作的泛红、敏感的问题，持续数小时能自行缓解。但是，如果担心临时出现问题，影响第二天的重大场合，前一天晚上要保证充足的睡眠和放松的情绪，前一晚的护肤重点在于皮肤冷敷。家庭冷敷的方式有多种，选择家里现有的各类保湿喷雾或冷开水都行，用喷雾或者冷开水浸湿 6 ~ 8 层的无菌纱布，在面部泛红瘙痒的区域进行 15 ~ 20 分钟的局部湿敷处理，敷完涂抹保湿霜，有助于皮肤敏感状态的改善。如果泛红、瘙痒症状特别明显，间隔 2 ~ 3 小时可以重复冷敷一次。如果去医院，医生通常会给 3% 硼酸溶液来做面部冷敷。含有透明质酸成分为主的保湿面膜，也可以作为一种冷敷工具，放在冰箱冷藏室里半小时左右取出来使用，也能达到一定冷敷的效果。

做好冷敷及保湿护理后，第二天皮肤仍有泛红情况，还可以使用雅漾或 dermasence 的遮盖产品作为底妆使用，这两个品牌都是针对敏感问题的功效性护肤品牌，能满足皮肤遮盖效果且不增加皮肤敏感的风险。

痘痘问题的补救措施

如果仅仅是粉刺问题，重大事项前一天建议就不要折腾了，不管是用药物方式还是“针挑”等方式，前一天处理造成的创面很难不留下痕迹，刚治疗完的炎症后反应同时会增加第二天化妆遮盖的难度。粉刺问题，直接靠化妆解决，待重大事项过去后，再规律使用维 A 酸类药膏或果酸、水杨酸产品等慢慢治疗比较合适。

如果是刚出现的红肿、疼痛的痘痘，局部可以外涂抗生素药膏，比如，莫匹罗星、夫西地酸等，每天 2 ~ 3 次缓解局部红肿疼痛症状，第二天同样可以使用遮盖粉底，粉质颗粒在皮肤表面停留，有助于吸收肿胀区域的水分，帮助痘痘尽快干瘪，但是回家后需要仔细卸妆和做好皮肤清洁，同时再次涂抹抗生素药膏治疗。这个时期的痘痘不要强行挑破挤压，以免局部感染扩散。

如果痘痘处于已经出现顶端白色化脓状态，随时有可能破开，前一天晚上可以在局部消毒后，用无菌注射器或者消毒过的针轻轻挑破白色脓点区域的皮肤表皮，等白色脓液自行排出，然后涂抗生素药膏治疗，不需要过度挤压排脓。一般第二天早上痘痘可以明显干瘪结痂，涂药后正常化妆遮盖，通常没有问题。

皮肤暗沉、发黄问题的补救措辞

暗沉、发黄问题通常没有比较好的应急补救手段。想达到改善肤色的目的，即使是最有效的抗氧化成分或美白成分的护肤品，通常都需要数周或者数月才能达到满意效果。哪怕是医美手段，比如，射频导入、光子嫩肤、水光针等治疗，也都至少需要提前 2 ~ 3 天治疗，最好提前 1 周，才能获得比较满意的美白效果。如果确实来不及改善了，前一天晚上早早睡觉，敷一次保湿面膜临时提高皮肤的含水量，可以在一定程度上改善皮肤折光率，显得皮肤亮白一点。当天，好好化妆才是最好的应急手段。

皮肤科医生的护肤课

了解自己的皮肤状态、科学护肤、避免加重因素等有助于应对重大事项前一天的皮肤补救调整。不同问题不同应对：干纹、脱屑问题需要加强保湿；泛红、敏感问题可以冷敷；痘痘问题不要挤，可涂药；皮肤暗沉、发黄问题最好靠化妆遮盖。

旅行期间的防护小套装

余 佳

外出旅游是一件开心的事，可以放松身心，留下美好的回忆。但多数旅游也是一件蛮辛苦的事情，如果又遇上皮肤状态不好，不能留下美美的照片，那旅行就可能带来遗憾。

外出旅游的时候，应该做好哪些准备来确保旅行时的皮肤保持美好状态呢?

● 旅行前调查旅行地的天气和紫外线情况

大多数旅行都是有计划的外出，那提前制订旅行计划和出行准备的时候，最好也提前查询一下旅行当地的天气情况、紫外线强度之类的。

如果是在城市旅游，待在室内时间比较多，准备一份平时自己使用的护肤品牌的旅行小样三件套，包含有洁面产品、普通保湿乳霜、SPF 30 左右的防晒乳霜就行。这三样基本就满足了旅游期间的护肤需求，也不怎么占行李空间。甚至，如果旅行地是比较方便的城市，到了当地直接在超市购买适合自己肤质的护肤旅行套装都是可以的。除非是超过 14 天以上的长期旅行，不然不需要大罐小罐地把家里的护肤品都随身携带，真心没必要。

如果是到户外旅行，旅行三件套中防晒产品的量最好多准备一些，以便间隔 2 ～ 4 小时补涂，同时也要准备防晒衣、防晒帽、遮阳伞等物理遮阳措施，以尽可能避免太强烈的紫外线伤害。要知道，防晒霜只能帮助我们防晒伤，对于晒黑的防护功能有限，户外旅行一定要加强全身防护。

另外，如果是野外森林或者高山旅行，还需要提前准备一些驱蚊水，以避免蚊虫叮咬导致的过敏情况。被毒虫叮咬导致的虫咬皮炎，除了会在身体上留下红肿的疙瘩、水疱改变，还可能带来剧烈痒痛感，户外旅行时最好提前喷驱蚊水，防患于未然。

● 海边和雪山地区旅游，请做好防晒和晒后修护

在海边和雪山地区旅游，对于防晒的要求会远远高于普通的户外旅行。因为海边和雪山地区的紫外线反射情况特别明显，即使看着有云层或者阴天，但是紫外线照射仍然厉害，稍不注意防晒，很容易出现肤色加深、泛红、皮肤粗糙等改变。高防晒指数的防晒产品的使用以及晒后护理是在海边和雪山地区旅游时的护理重点。在这些地区旅游，防晒霜建议直接选择 SPF 50 以上的产品，且如果一直在户外，每 2 ～ 3 小时一定要补涂一次防晒。只要是暴露在外的皮肤，都需要有防晒产品的覆盖。

每晚回到休息的室内，可以预防性的使用一些舒缓镇静的喷雾，或者使用富含透明质酸、神经酰胺等成分的精华、面膜来缓解暴露于紫外线的皮肤干燥、泛红、脱屑情况。含有抗氧化成分的精华，比如，含有高浓度维生素 C、烟酰胺、类视黄醇的精华、面霜，也建议作为这个区域旅行的携带护肤品，配合使用有助于修复紫外线对皮肤带来的光老化影响。

● 随时爆痘的朋友，应急祛痘产品需要装备在身

对于容易长痘痘的朋友来说，一般建议在非旅游期的时候，就应该在医生指导下正规治疗痘痘。通过口服或者外用药物配合一定的刷酸治疗来治疗痘痘，以免因为反复长痘痘而留下永久的痘坑。有相关药物的朋友，在旅行时，带上自己的口服药、外用的阿达帕林凝胶、过氧化苯甲酰凝胶等痤疮治疗一线用药，再带着旅行护肤三件套，基本就可以满足旅行中临时爆痘的应急需求。

而有些朋友，平时只是有一些皮肤出油方面的问题，偶有爆痘的情况，但日常没有使用相关的药物的经验，那么外出旅行的时候，推荐带一小瓶含有水杨酸或果酸的精华小样，对于预防新的痘痘出现或治疗突然出现的红肿痘痘都有作用。

一些市面上很火的祛痘膏，并不常规推荐购买或在旅行时备用。大多数祛痘膏主要是含有一些弱效抗细菌成分或以清凉成分为主，功效性不及药膏，且经常使用后效果明显下降。出现红肿痘痘的时候，如果是在国内旅行，在就近的药店直接购买含有抗生素成分的药膏，

比如，克林霉素磷酸酯凝胶或夫西地酸乳膏，这一类药膏针对痘痘杀菌效果更强、更直接，能迅速帮助治疗红肿痘痘。但在国外旅游时，可能不一定能购买到类似药膏。在日本旅游，因为便利店和功效性护肤品店的普及，在这些小店可能更容易购买到祛痘膏，这个时候可以考虑使用祛痘膏应急。而在美国或欧洲国家旅游，部分大型超市可以买到含有过氧苯甲酰成分的祛痘产品或非处方药膏，用这类产品来治疗突然爆痘的情况也能收到比较好的效果。

● 遮盖作用强效的隔离产品与安全的卸妆产品都需要

如果护肤品和护肤步骤都坚持了，仍然有一些意外出现，那最后一步化妆还是有必要的。如果日常没有化妆习惯的朋友，准备一款遮盖效果比较好的隔离霜或粉底液，也是一个比较好的选择。

大多数的肤色不均、面部色斑、黑眼圈、红色痘印、红血丝等问题都可以通过遮盖产品来解决。雅漾、Dermasence、FANCL、资生堂等品牌都有比较适合各类问题的隔离遮盖产品，日常使用并不会加重对本身皮肤问题的影响。只要坚持基础护肤步骤，在使用隔离产品之前涂上防晒，上妆后数小时注意补涂含有防晒效果的隔离产品维持防晒效果就行，不需要额外卸妆后再涂防晒霜和重新上妆。

晚上回到休息的地方，认真用卸妆产品仔细彻底地卸妆并完成清洁、保湿的护肤步骤，一般没有问题。对于没有太多化妆经验的朋友来说，贝德玛的红色卸妆水基本能满足所有肤质的卸除隔离霜或粉底液的作用，出门时带个小瓶在行李箱就好。

皮肤科医生的护肤课

1. 旅行前应提前根据旅行地的天气和紫外线做好护肤准备。

2. 海边和雪山地区旅游护肤重点为防晒和晒后修护。

3. 爆痘，最好选择方便购买的祛痘产品应对。

4. 旅游时带上有遮盖作用的隔离产品与安全的卸妆产品。

节假日期间，怎么做好皮肤管理？

余 佳

现代人生活忙碌，每天在繁忙的学习工作中度过，好不容易遇到长假或节日，连续宅在家里几天或外出旅游的人都逐渐增多。放假期间，有人觉得时间更充裕了，护肤相比平日更勤奋；也有人在假日彻底放飞自我，同时放弃了护肤。

首先，我们先说一下在节假日如何做好皮肤管理。

● 不要日夜颠倒，避免带来皮肤问题

节假日期间日夜颠倒的作息，可能带来一系列的皮肤问题。熬通宵带来的睡眠缺失及对皮肤造成的伤害，并不能通过白天的睡眠补偿来实现。身体是一个很精密的仪器，内分泌都是有昼夜分泌节律的，一旦错过了正常该休息的时间，会造成身体里面的激素分泌紊乱，对于皮肤的影响也就出现了。连续熬夜带来的皮肤色素增加、干燥、细纹、黑眼圈等问题并不能完全通过白天的补偿睡眠而改善。在节假日期间，特别是喜欢熬夜打游戏或通宵看视频的朋友，建议尽量保持规

律的作息，每晚十二点以前入睡，才能保持皮肤的良好状态，减少爆痘、黑眼圈、皮肤蜡黄等问题出现的概率。

● 避免大鱼大肉、暴饮暴食，避免爆痘

春节长假阖家团圆或外出旅游的时候，很多人平时的饮食规律被打破，频繁聚会。过年过节时的大鱼大肉或旅游景点的油炸小吃、各类下午茶点，总是一不小心就摄入过量了。大量的油脂类或高淀粉类食物的过度摄入，有可能会导致皮肤问题的加重，特别是偏油性皮肤的朋友，短时间内摄入大量高糖类的食物或大量的油炸食物，很容易出现爆痘的情况，影响休假的心情。适当的饮食控制，比如，这一顿如果没注意吃了太多的甜食或油炸食物，在下一顿饭或两顿饭中间，可以考虑以蛋白类或蔬菜类食物摄入为主，避免重复摄入过多的高糖、高油食物，这样有助于调节身体的营养代谢状态，避免过度的油脂分泌，或者血糖迅速升高对皮肤的影响，减少爆痘情况的出现。

● 趁着放假，给自己做个医美

有一些朋友，平时工作太忙，没有时间处理皮肤的问题，想要经过一个假期就变成漂亮美人出现在别人面前。那可以在假期做哪些功课呢?

如果本身皮肤没有明显的问题，主要想提亮肤色、改善轻度光老化，可以在医生评估后做一次光子嫩肤、皮秒嫩肤或水光针治疗，一般这类治疗属于轻度无创或微创的面部年轻化医美治疗，休工期

短，治疗后 2 ~ 3 天上班就可以显示皮肤的美白嫩肤效果。治疗后配合加强保湿护理及美白类精华的涂抹，可以达到更持久高效的护肤效果。

如果本身属于油性皮肤或有痘痘的朋友，可以利用节假日尝试刷酸的治疗。不管家用水杨酸或果酸产品的连续集中使用，还是在合规的医疗机构进行高浓度的果酸治疗，治疗后通常容易出现 2 ~ 3 天的皮肤敏感泛红或结痂情况，利用假期时间做相应治疗，可以避免治疗后正常出勤的紫外线过度暴露，有助于治疗后恢复。对于有痘坑的朋友来说，目前改善痤疮凹陷性瘢痕最有效的是二氧化碳点阵激光治疗，其术后的恢复休工期大约在一周左右。如果满脸的痘坑都需要治疗，建议选择在长假刚开始的时候做治疗，然后在家里度过一周治疗后的结痂期。这样的时间安排不管是心理方面还是治疗后皮损恢复方面都更合适。

如果本身有少量的色素斑片需要治疗，也推荐在节假日期间进行医美。大多数面部色素斑问题通常会采取调 Q 激光或皮秒激光治疗，治疗后可能会有短暂的炎症后红斑时期，这个时候能尽量待在屋里不外出是最好的修复方式。所以，如果方便，在节假日开始时做祛斑治疗，在家里待几天做好治疗后修复，再上班时可能就是个光洁美人了。

参考文献

[1] FIOR A M, JULIE R K, ZOE D D. The Skin Health and Beauty Pyramid: A Clinically Based Guide to Selecting Topical Skincare Products. J Drugs Dermatol. 2014，13(4): 21-414.

[2] LESLIE B. Understanding and Treating Various Skin Types: The Baumann Skin Type Indicator. Dermatol Clin. 2008，26(3): 73-359.

[3] PUIZINA-Ivić N. Skin aging. Acta Dermatovenerol Alp Pannonica Adriat. 2008，17(2):47-54.

[4] DAVID M D, PATRICIA F,GIUSEPPE V. Atmospheric skin aging-Contributors and inhibitors. J Cosmet Dermatol. 2018，17:124 - 137.

[5] ALAN S B, THOMAS S, LLOYD E K. Cigarette smoking-associated elastotic changes in the skin. J Am Acad Dermatol. 1999, 41: 6-23.

[6] EICHENFIELD L F , TOM W L , CHAMLIN S L , et al. Guidelines of care for the management of atopic dermatitis. J Am Acad Dermatol. 2014，70(2):338-351.

[7] KOENRAAD D B, RICHARD G, TARO K, et al. A Review of the Metabolism of 1,4-Butanediol Diglycidyl Ether-Crosslinked Hyaluronic Acid Dermal Fillers. Dermatol Surg. 2013，39(12): 1758-1766.

[8] DRAELOS Z D, DINARDO J C. A re-evaluation of the

comedogenicity concept . J Am Acad Dermatol. 2006, 54(3):507-512.
[9] MAAROUF M，SABERIAN C，SHI V Y，et al. Clinical Relevance of Comedogenicity Product Labeling. JAMA Dermatol. 2018，154(10):1131-1132.
[10] GOLARA H，ROSA M A，HOWARD M. 敏感性皮肤综合征 . 杨蓉娅，廖勇，译 . 2 版 . 北京：北京大学医学出版社，2019.
[11] 中国营养学会 . 中国居民膳食指南 2016. 北京：人民卫生出版社，2016.
[12] 化妆品皮肤不良反应诊疗指南 . 中华皮肤科杂志 , 2018, 51(11): 783-786.
[13] 葛西健一郎 . 色斑的治疗 . 吴溯帆，译 . 浙江：浙江科学技术出版社，2011.
[14] 中国特应性皮炎诊疗指南 (2014 版). 全科医学临床与教育 . 2014，47(6):603-606.
[15] 中国儿童特应性皮炎诊疗共识（2017 版）. 中华皮肤科杂志 . 2017，50(11):784-789.
[16] 闫飞 . 射频技术在皮肤抗衰老方面的应用进展 . 中国美容医学 . 2017，26(4)：4-132.
[17] 马琳 . 儿童皮肤病学 . 北京：人民卫生出版社，2014.
[18] 中国医师协会皮肤科医师分会皮肤美容事业发展工作委员会 . 中国皮肤清洁指南 . 中华皮肤科杂志 ,2016,49(8):537-540.
[19] DIANA D. 药妆品 . 许德田，译 . 北京：人民卫生出版社，2018.